# 推薦序

## 從物理到資料科學：一場跨界的探索之旅

在知識的海洋中，有時最難得的是跨領域的勇氣和創新的火花。作為劉弘祥同學的大學專題的指導老師，當我拿起他自己所寫的《資料科學入門完全指南》一書，心中不僅充滿欣慰和驚喜，更多的是一種深深的榮幸感。

當初見到弘祥的時候，他在清華大學修習物理系與數據科學（還有輔系電機與修法律學程！）興趣寬廣的他也就想要加入那時我才剛開始的跨領域研究，應用人工智慧中作離婚後親權判決的預測。對我來說當然是喜出望外，如獲至寶。後來我們更與其他老師和同學組成團隊，一起承接司法院的 AI 輔助量刑資訊系統更新計畫。

在弘祥這幾年參與我們相關研究的過程中，我有幸看到一個資料科學家的出現。起初我只是先請他參與最前端的資料清洗與標註工作，很快就可以發現他的聰明細心，並且善用各種小工具有效率的達成目標。接著他就在學長的帶領下作人工智慧與自然語言處理的模型建立。但是不同於一般資工背景，只懂 AI 技術卻不了解資料特性的學生，弘祥很快就能將之前資料處理的經驗與模型創建的過程橋接起來，後來甚至進入後端的資料庫來作系統整合。最近他又自行創建一個大型的社團討論 ChatGPT 的相關發展與應用，不斷開展自己的實作經驗與創意舞台。

因此這本《資料科學入門完全指南》所涵蓋的內容，從最基礎的資料概念，Python 程式、各式處理與實際的資料處理範例與相關 AI 應用，都是弘祥過往實務經驗與其物理思考架構兩相結合而有的結晶，不但概念結構清楚，而且完全是可以實戰應用的技術。畢竟 AI 應用的實務困難往往來自原始資料的諸多缺失或格式問題，非常需要資料科學的專家能將這些有價值的資料轉化為 AI 方便處理的樣貌，幫助資料來源端與資工技術端的合作。

因此，對於那些渴望從資料端跨界進入資料科學或人工智慧領域的讀者，弘祥這本《資料科學入門完全指南》無疑是一本值得研讀與實作的好書。相信可以協助讀者也發展出同樣的跨界能力，創造新的 AI 商機與無限可能的應用。

王道維

國立清華大學物理系教授與人文社會 AI 應用與發展研究中心副主任

# 推薦序

## 探索資料與智能的結合，掌握資料的重要角色

  人工智慧肯定是當代計算機技術的一項重大進展，而推動人工智慧的重量力量來自於「資料科學」。人工智慧目標是透過自動化模型人類的行為與思考，而資料科學透過資料的觀點實現了人工智慧的可能。在過去這幾年來，隨著網路的普及、雲端的興起，將我們帶入了新的資料時代。從數位化、自動化到智能化、從大數據到深度學習、從自然語言處理到影像辨識技術，這些眾多的技術術語一一浮現，將人工智慧逐漸引入大眾的視野。然而，在這背後，「資料」作為核心角色，其不可或缺的角色卻是不可忽略的。

## 解構資料的魔幻力量：探索資料的更多可能

  過去，我們在數據分析中往往關注於統計學方法，依賴抽樣的數據進行分析。然而，隨著大數據時代的到來，我們的視角已有了質的變化。更龐大、更多樣的資料，透過模型的運用，讓我們能夠洞悉資料的價值。在人工智慧和機器學習技術的推動下，我們不僅能在結構化數據上進行更深入的分析，同時也能夠挖掘非結構化資料的潛力。深度學習等技術的崛起，使我們有機會在影像和文本等非結構化資料領域中展開探索，迎向資料多樣性的未知之境。因此，資料科學已經成為進入人工智慧時代的門票，我們必須深刻了解資料，才能真正實現從「人工」到「人工智慧」的轉變。

## 不只是技術指南，開啟資料領域的世界觀

　　這本書不僅僅是一本技術指南，更像是從資料科學的觀點帶你我們解當代人工智慧技術的重要脈絡。

　　從「資料」作為出發點理解資料所帶來的特性與價值，接著經歷「資料處理」、「資料探索」等不同階段的操作手法，最後透過各種實務案例示範「資料應用」的火力展示。相信跟著本書的結構與設計，幫助數位工作者快速賦能資料思維，讓資料工作者亦能夠建構更全面的資料科學心法。無論你是初學者還是資深技術從業者，都能夠為你揭開資料與智能的神秘面紗，啟發你在不同領域中的創新思維。讓我們一同走進資料與智能的未來，開啟一段充滿可能性的全新篇章、走進資料與智能的時代。

張維元

資料科學家的工作日常 - 創作者

# 序

處在一個高度資訊化的社會，我們的生活已經無所不在的被各種資料影響著，從手機的拍照背後的影像處理、到社群平臺的推薦算法，這些全都是透過大量的資料所產生出來的價值與改變。

不論是數年前流行的「大數據」，還是最近因為 ChatGPT 等生成式 AI 而紅起來的「人工智慧 (AI)」，都是基於資料科學所發展出來的領域，也促進了許多人想要踏入這個領域進行學習。

説到資料科學，各種不同的演算法與機器學習模型常常會是最先被想到的，然而雖然這些不同演算法對於技術的發展固然是很重要的。不過在實務上，資料工作者往往有八成以上的時間是花在與這些演算法無關的資料清理與蒐集。這些佔了最多比例的事情卻往往被忽略，使得許多人在從學習過程中的「完美資料集」到現實中的各種真實資料的時候往往會容易不知所措。

因此，本書期望填補上這塊內容，讓讀者在學習過程中可以掌握面對真實資料時候的分析與處理方法，不再會受限於收到的資料不夠完美而難以展開後續的分析行動。

為了讓任何背景的讀者都能有收穫，本書的編排方式如下：

- Chapter1 資料的概念：在最開始的地方，以一系列的案例讓讀者認識到資料的價值 (1.1)，並且學習透過資料的型態 (1.2) 和尺度 (1.3) 來認識資料。

- Chapter2 Python 基礎：對於沒有程式基礎的讀者，會從 Python 的介紹和環境安裝 (2.1 ~ 2.2) 開始，並且介紹一些基礎的程式語法與邏輯 (2.3 ~ 2.4)，讓讀者可以快速上手 Python。

- Chapter3 基本數值資料處理：分別介紹在資料分析中最常用到的 NumPy(3.1) 和 Pandas(3.2)，讓讀者可以對各種基本的資料進行處理與分析。

- Chapter4 各式資料處理：除了基本的數值資料以外，更進一步介紹對於影像 (4.1 ～ 4.2)、音訊 (4.3 ～ 4.4)、文字 (4.5 ～ 4.6) 類型資料的觀念與實作。

- Chapter5 資料前處理：專門介紹各種拿到資料後要先做的前處理方式，包含資料清理 (5.1)、資料轉換 (5.2)，以及如何進行合適的資料視覺化 (5.3)。

- Chapter6 其他專題補充：針對本書無法展開的內容，透過一個個小實作專題進行補充介紹，包含探索式分析 (6.1)、網頁爬蟲 (6.2)、機器學習與模型評估 (6.3)、ChatGPT API(6.4)、Hugging Face(6.5)、資料管線 (6.6)、常見誤區 (6.7) 等。

## 書籍特色

- 在遍地「AI& 大數據」開花的時代，帶你真正深入認識什麼叫做資料以及要如何挖取出資料背後的價值。
- 面向初學者的設計，在給出操作範例的同時，會說明「為何要這樣做？」以及「這樣做會發生什麼？」
- 包含各類型的資料處理方式，適合各種資料領域入門的第一本實作書
- 結合觀念說明＋範例操作＋案例分享，讓讀者在學習的過程中能更加全面的獲得收穫。

## 這本書適合誰？

- 想學習資料科學但不知道從何開始
- 實務上要處理許多不同的資料
- 希望能累積更加全面的資料處理能力

## 這本書不適合誰？

- 只想學習理論，對實際操作完全不感興趣
- 你的資料極其的乾淨，完全不需要做任何處理

## 範例程式：

本書中的所有範例程式皆放在 Github 上，歡迎讀者從 Github 下載並實作。

- 網址：https://bit.ly/ 資料科學入門完全指南
- 備用網址：https://github.com/Keycatowo/DataScience-IntroGuide

## 勘誤與反饋

針對書中內容已儘量核實並校對，但仍難免會有疏漏或錯誤之處，如讀者有發現錯誤或疑問，可以前往本書的 Github 頁面上提出問題 (issue)。若有相關勘誤或程式碼的更新也會一併放在上面。

## 致謝

很幸運在學習路上遇到的許多人的幫助與鼓勵,讓我能順利撰寫出這本書,在此深表感謝。

首先要特別感謝我在研究所和大學時候的兩位指導教授(劉奕汶教授與王道維教授),在求學過程中讓我有機會接觸到各種不同的計畫與合作對象。

感謝在資料領域的各個夥伴們,包含:資料科學家的工作日常的維元、社會學半路出家資料科學的 Alyssa、臺大資料分析與決策社的承宏、毓珊以及其他社員夥伴⋯等,在這本書的創作過程中提供了許多的建議與協助。

感謝深智數位的編輯們,有他們的貢獻才能使這本書得以順利完成。

最後,還是想感謝一下我的父母與女友奕馨,沒什麼特別的原因,只是因為你們就是特別的。

劉弘祥

# 目錄

*Chapter* **04 各式資料處理**

*Chapter* **05 資料前處理**

## *Chapter* 06 其他專題補充

# 資料的概念

# 1.1 資料的價值

## 1.1.1 資料的成長趨勢

隨著數位時代的來臨，資料的數量正以驚人的速度不斷增長。從社群媒體、網路搜尋、物聯網裝置、行動應用程式等眾多來源中，每分每秒都在產生大量的資料。這些資料的類型五花八門，包括文本、圖片、音訊、影片等各種形式。根據國際數據公司（IDC）的報告[1]，預計在 2025 年全球的資料會達到 175ZB[2]，並且資料的總量將持續呈指數級增長。

大數據時代的來臨使得資料的價值變得越來越重要。個人、企業和政府部門都在利用這些資料來改進決策、優化業務流程和提升競爭力。尤其在企業領域，許多公司已經意識到資料分析的價值，紛紛投資建立自己的數據平台和數據分析團隊，力求在競爭中取得先機。

資料的價值並不會憑空產生，為了從如此大量的資料中提取有用價值，我們需要運用高效的資料分析方法和工具，包括了統計分析、機器學習、人工智慧……等技術，它們的存在使得我們可以更加有效的從資料中挖掘價值。除了各種分析工具，資料的品質和準確性也是影響資料價值的重要因素，若沒有良好的資料品質，再好的演算法也很難發揮。

正因為如此，寫這本書的目的是為資料分析的初學者提供一個敲門磚，讓讀者能夠在資料時代建立起操作資料的基本觀念和能力。本書將從最從在資料分析中最常用到的 Python 語言基礎開始，讓零基礎的讀者也能開始上手資料科學。接著將會介紹不同類型資料的處理方式，包

---

1　《Data Age 2025: The Digitalization of the World》

2　皆位元組（Zettabyte）：用來表示資訊量大小的單位，相當於為 $10^{21}$B，用來表示容量單位從小到大分別為：KB, MB, GB, TB, PB, EB, EB, ZB, YB... 等。每一個層級差 1024 倍。

含基本的數值資料、影像、文字、音訊等，讓讀者可以對於各種資料都有可以處理的能力。隨後讀者將會學會對於資料的清洗、轉換、視覺化等能力。最後將會透過數個小專題的章節，為讀者快速補充一些因篇幅而無法則本書中展開的內容。期望這本書能夠激發讀者對資料分析的興趣，幫助各位在各個領域實現數據驅動的決策和創新。

## 1.1.2 資料的影響力

在高度數位化的時代，資料已成為推動社會變革的重要力量，不論是商業決策、政策制定或科學研究，在這些不同的領域中都呈現出巨大的價值。資料分析可以將這些龐大的資料集轉化為具有指導意義的趨勢洞察，讓我們能夠掌握過去的經驗、預測未來的趨勢。接下來讓我們透過歷史上一些著名的案例，來瞭解資料所能產生的正面和負面的影響。

### 正面的影響

從電腦出來以前資料分析就已經展現出它的力量了，在 19 世紀中期，英國首都倫敦正在經歷一場嚴重的霍亂疫情。這是已經霍亂病毒自 1820 年代以來席捲全球的第三次大流行。但當時的醫學界對霍亂的成因認識還不清楚，一般都認為是由所謂的空氣中的「瘴氣」引起。然而有一位醫生卻對這種說法表示懷疑，他就是被稱為流行病學之父的約翰‧史諾（John Snow）。

史諾認為霍亂是透過水源的污染傳播的，但他最開始缺少直接的證據證明。在 1854 年秋季，倫敦的西敏市又爆發了霍亂疫情，史諾趁著這個機會，著手進行了一場實地調查。他收集了大量有關霍亂死亡病例的資料，並將這些資料標記在一張地圖上，透過病例的分佈都圍繞著當地的水井，史諾以此來證明霍亂的病因並非是由空氣所傳播。

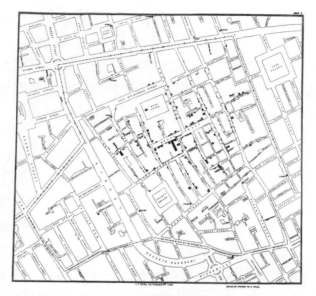

▲ 圖 1-1　史諾的地圖標記

　　儘管當時並沒有足夠的技術可以直接的對水源的病原體進行確定性的分析，但史諾仍然靠著收集了大量死亡病例和地點有高度關聯的資料說服了當地政府針對這個被污染的水源做出應對。而史諾針對霍亂的研究，也成為了公共衛生領域歷史上的一個重要節點。

　　講完歷史，讓我們來看一下比較近期的例子。Netflix（網飛）能發展為目前世界上最大的幾個科技巨頭之一，也離不開數據分析的影響。在 Netflix 創立之初，主要是透過郵寄 DVD 的形式為客戶提供電影租賃服務。當時為了讓用戶能夠更容易地找到他們喜歡的電影，Netflix 就開始著手研究如何提高推薦算法的準確性。

　　為了吸引全球的數據科學家和研究者們共同參與研究和改進推薦算法，Netflix 推出了名為「Netflix Prize」的比賽。在經過三年激烈的競爭後，最終由一支名為「BelKor's Pragmatic Chaos」的團隊贏得了這個競賽，成功地將 Netflix 推薦算法的準確性提高了 10%。這個結果不僅為 Netflix 帶來了巨大的商業價值，也引起了學術界對協同過濾、機器學習和大數據的廣泛關注。此後，Netflix 繼續不斷完善和調整推薦算法，將越來越多的用戶行為數據、內容特徵和社交網路納入分析範疇。時至今日，Netflix 的推薦算法也已經成為其核心競爭力之一，它不僅讓觀眾能夠更輕鬆地找到喜歡的內容，還為 Netflix 的內容策略提供了強而有力的支持。

## 負面的影響

但資料分析遠遠不只有產生正面的影響，也有許多公司游走在法律與道德的邊緣，將數據的力量用在不當的目的。其中一個著名的案例就是「劍橋分析事件」。劍橋分析（Cambridge Analytica）最初是一間英國的政治諮詢公司，利用數據挖掘和數據分析技術為政治競選活動提供策略建議。

然而，2018 年 3 月，一位前劍橋分析員工爆料公司曾非法獲取了近 8700 萬 Facebook 用戶的個人資料。據調查，劍橋分析與一位俄羅斯裔學者合作，透過一個名為「thisisyourdigitallife」的性格測試應用程式，收集了大量 Facebook 用戶的個人資料。雖然該應用宣稱僅用於學術研究，但實際上這些數據都被賣給了劍橋分析。藉由分析選民們的心理狀態和立場，再針對性的投放不實資訊或是偏頗的內容到不同的選民眼前，藉此操控輿論的方向和最終的投票。

在這一事件之後，也促使各國政府和監管機構加強了對數據隱私保護的立法和執法力度，其中就包含了歐盟於 2018 年 5 月正式實施了《一般數據保護條例》（俗稱 GDPR）的法案，旨在保護公民的數據隱私和網路安全。因此在進行資料分析與決策時，我們都需要注意遵循相關法律法規和道德準則，並保護用戶的隱私權益，對於影響越大的層面越需要如此。

接下來讓我們把視角從西方社會，轉移到我們附近的國家。隨著互聯網產業在中國的高速發展，一種名為「大數據殺熟」的現象也隨之產生。企業透過分析用戶的消費行為、信用評分等數據，為不同顧客提供差異化的價格策略。例如根據用戶的消費習慣和付款意願，提高對於特定用戶群體的價格，這表示著那些經濟能力強、消費意願高的用戶，可能會需要支付更高的價格，而不能享受到與其他消費者相同的優惠[3]。

不論是古今中外的社會中，資料都具有巨大的價值，所以我們在分析與應用時應充分考慮到其正面和負面影響，並在實踐中儘量讓它能發揮正面的效益。希望透過這邊幾個發生過的故事，能讓你對於數據的「應為」與「能為」有更多認識，引起對資料分析的學習熱情！

## 1.1.3 資料的應用方式

### 資料分析的基本流程

為了讓讀者能快速對資料分析的流程有個概念，這邊先以一個非常基本的資料分析流程作為例子進行說明。不過在實際運作過程中往往會需要面對不同的專案目標和資料類型，產生不同的分析形式與流程。然而一切的流程都應該要圍繞你預計解決的問題為目標，望讀者謹記。

首先，數據收集與清洗是資料分析的基礎。在這一階段，數據分析師需要從各種數據源收集數據，如文件、數據庫、網路 API 等。收集到的數據往往包含缺失值、重複記錄、錯誤或不一致的數據，因此需要對數據進行清理。在清理的過程中會涉及填補缺失值、消除重複記錄、校正數據錯誤和統一數據格式等操作，以確保數據的品質和可靠性。

---

3 　此現象又被稱作價格歧視 (price discrimination)。

接下來是數據探索性分析（EDA），這是一個對數據進行初步探索和理解的過程。數據分析師透過計算描述性統計量（如均值、中位數、標準差等）、繪製圖表（如直方圖、散點圖、盒形圖等）以及探討變量之間的關聯性等方法，以形成對數據的直觀理解，並為後續分析提供方向。

在確定分析目標後，數據分析師將進行統計分析與建模。這一階段主要包括選擇合適的統計方法和機器學習模型，如回歸分析、決策樹、聚類分析等，對數據進行深入的挖掘。分析師需要根據問題的性質和數據特點選擇合適的方法，並對模型進行訓練、測試和調參，以獲得最佳性能。

最後，視覺化與報告是將分析結果呈現給決策者的重要環節。在這一階段，分析師需要將分析結果以清晰、簡潔的圖表和文字形式呈現，並撰寫報告以說明分析過程、結果與建議。

## 資料決策的步驟

在談完資料分析的操作層面後，以下將會從四個步驟指導你如何更有效地將資料應用於決策制定過程。

1. **目標明確與問題定義**：在開始分析資料之前，首先要明確分析的目標和要解決的問題。這可以幫助我們確定分析的範疇，避免浪費時間和資源在無關緊要的問題上。在確定目標和問題後，制定一個可行的計劃，明確分析的步驟、方法和工具。

2. **數據驅動決策**：數據驅動決策意味著在制定決策時，要充分利用現有的數據和分析結果。這可以提高決策的客觀性和有效性，降低風險。要實現數據驅動決策，需要擁有高品質的數據、強大的分析能力，以及組織內部對數據分析的支持和重視。

3. **結果評估與調整**：在實施決策後，需要對結果進行評估，了解決策的效果和影響。評估可以透過收集新的數據，比較預期與實際結果，找出差距和問題。根據評估結果，及時調整決策，以達到更好的效果。

4. **持續監控與優化**：決策制定是一個持續不斷的過程，需要隨時關注數據變化，以便應對不確定性和變動。透過持續監控數據和市場變化，可以不斷優化決策，提高競爭力和應變能力。

## 資料的層次

在資料分析領域，我們經常會遇到資料、資訊、知識和智慧這四個概念，它們之間存在著密切的聯繫，但也各自具有獨特的特點：

1. **資料**：資料是指未經處理的原始數據，沒有經過整理和組織，它們可能來自於各種來源，如感測器、用戶行為、市場調查等。在進行資料分析之前，資料通常需要經過收集、整理和清洗，以便更容易被理解和使用。

2. **資訊**：資訊是具有一定結構和意義的資料，透過對原始資料進行整理、分類、聚合等操作，我們可以將資料轉化為具有特定目的和價值的資訊。例如，將銷售數據按地區和產品類別進行分析，我們可以得到不同市場的銷售情況，從而制定相應的營銷策略。

3. **知識**：知識是基於資訊的理解和應用，當我們從資訊中獲取洞察力，並將其應用於實際問題的解決時，便產生了知識。知識可以用來指導行動、改進決策、提高效率等。

4. **智慧**：智慧是運用知識來解決問題和創新的能力，具有智慧的人或組織能夠在不斷變化的環境中適應和成長，並將知識運用到新的領域，創造更大的價值。

## 資料分析的層次

根據分析結果的影響程度，我們可以分成四種不同的分析方法和層次：

1. **描述性分析**：描述性分析的目的是了解過去數據的概況。透過對資料進行統計分析，我們可以獲得一些基本的度量，如平均值、標準差、最大值和最小值等，從而對數據進行初步的解讀。

2. **診斷性分析**：診斷性分析旨在分析數據背後的原因和影響。透過深入研究資料，我們可以找出影響結果的關鍵因素和潛在問題。例如，如果公司銷售額下滑，診斷性分析可能會尋找可能的原因，如市場競爭、產品良率、價格策略等。

3. **預測性分析**：預測性分析基於歷史數據來預測未來趨勢。透過建立數學模型和使用機器學習算法，我們可以對未來的情況進行估計。例如，預測性分析可以用於預測股票市場的走勢、氣候變化、用戶行為等。

4. **指示性分析**：指示性分析提出解決方案和建議，引導未來行動。在對數據進行描述性、診斷性和預測性分析的基礎上，指示性分析將提供具體的策略和措施，以實現預期目標。例如，基於對客戶滿意度調查的分析，指示性分析可能會提出提高產品良率、優化售後服務等具體措施。

# 1.2 資料的型態

## 1.2.1 這個世界是由系統 + 變數所組成的

我們所生活這個世界，可以說是由各種**系統**和**變數**所組成的。系統是由相互作用的元素和過程所組成的，而變數則是這些元素和過程中的可變量。系統可以是生態系統、經濟系統、社會系統等等，而變數可以是氣候、貨幣、人口等等。這些系統和變數彼此影響，並且相互作用，形成了我們周圍的複雜現實世界。因此，在進行資料分析時，需要考慮這些系統和變數之間的相互作用，以便更好地理解並解釋我們觀察到的現象。此外，在資料分析過程中，還需要使用各種技術和工具，例如統計分析、機器學習、視覺化等等，以便更深入地挖掘數據中的資訊和知識。

### 舉個例子：種花的環境

假設你最近想在家裡種花，但不知道哪些花比較適合你的花園。你決定去問問你的鄰居，他是一位經驗豐富的園藝師。他告訴你，如果你的花園環境比較陰暗，那麼一些比較容易生長的植物，例如梅花、雪松等，比較適合你的花園。然而，如果你的花園環境比較陽光充足，那麼一些需要陽光照耀的植物，例如玫瑰、向日葵等，會比較適合你的花園。

在這個例子中，若將「花園環境」視為變數，「陰暗」和「陽光充足」視為不同的值，那麼這個變數就是一個分類變數。分類變數是一種用來分類不同類別的變數。它們通常用於描述質性特徵，例如顏色、種類、性別等。

**資料分析是一種透過現象（變數）追尋本質（系統）的學問**

在 19 世紀，有一位奧地利的修道士，花了數年的時間種了 5000 多株豌豆。然後他透過針對各種不同的性狀（顏色、高矮、豆子外型）進行觀察，發現了生物特徵遺傳的規律。而這人，就是後續被稱為遺傳學之父的孟德爾。

在現在的科技幫助下，如果我們想要研究生物的遺傳特徵，我們大可透過直接分析生物的 DNA 來達成。但當初在還沒有辦法看到遺傳物質的時候，僅僅憑著大量針對不同現象的觀察，就能推論出後續的遺傳規則的存在，能透過我們所看得到的現象來尋找出我們看不到的本質，這便是資料分析最強大的力量之一。

# 1.2.2 常見變數類型介紹

就好像中文裡對不同的對象會有不同的量詞，例如：一杯水、兩本書、三支筆……。我們在資料分析中，也需要面對各種不同的變數類型。每一種不同的變數類型都有其代表的意義和適合存放的內容，只有正確的瞭解了不同變數類型後，才能更好的進行資料分析。

## 數值

數值資料是用數字表示**量化特徵**的一種資料型態。它們通常用於描述量化特徵，例如重量、長度、時間、價格等。

而數值資料可以進一步分為兩種類型：**連續**和**離散**。連續數值是可以在一個範圍內取任何值的數值，例如身高、體重等。離散數值是只能取一些特定值的數值，例如學生人數、年齡等。

　　而對於數值類型的資料，又可以透過各種統計方法進行分析來得到更精簡有用的結果，例如平均值、標準差、變異數等。

## 類別

　　類別資料是一種用來描述**質性特徵**的資料型態。它們通常用於分類不同類別的變數，例如顏色、種類、性別等。類別資料又可以繼續被細分為：**有序**和**無序**。有序類別資料是一種可以排序的類別資料，例如衣服大小（小、中、大）；而無序類別資料則是一種沒有特定排序的類別資料，例如衣服顏色（紅、藍、綠）。

## 布林值

　　布林值是一種表示**邏輯上是否成立**的變數類型。它們通常用於描述**二元特徵**，例如是否出現、是否為真等。在程式語言中，布林值通常用 true 和 false 表示。所有透過布林值表示的特徵，都必須只能用在結果只有「是」或「否」兩種結果的特徵，理論上是不能有第三種結果的。例如：是否有來店裡消費過的顧客、是否有達成免運的條件、是否有加入會員……。

　　這邊刻意不使用性別作為例子，是因為如果用男／女作為二分方式，則在現在社會中的第三性或其他狀況就無法被歸類在其中，而若是改成男性／非男性的方式以涵蓋所有範圍，不過在儲存過程卻失去了女性與其他性別標記的資訊，因此在使用布林值的時候切記要找到兩個顯著不同而相反的分類會更加有利於後面的分析。

## 向量／矩陣／張量

　　向量是一種用來表示**多維**的資料型態。向量通常是由一連串（一行或一列）的數字所組成的，例如在一個二維平面上的位置，可以透過一組包含 x 座標和 y 座標的向量（3,4）來表示。當我們把向量一行行疊在一起的時候，就構成了矩陣。矩陣是一種二維的資料集合，例如在一個二維平面上我們可以記錄**每一個點**的亮度，這樣就得到了一張黑白圖片的資訊。而張量則是由矩陣再疊在一起而來，是一種三維（及以上）的資料集合。例如用我們剛剛在矩陣時候記錄資料的方式，分別從 RGB（紅綠藍）的值記錄每一個點的三原色值，進而就可以得到了一副彩色的圖的資訊。

---

🔓 **常見問題：**

**Q**：如果今天你要紀錄某個貨物的特徵，並且以長度、寬度、高度三個值來表示，那這個時候使用的是向量、矩陣或是張量呢？

**A**：雖然我們有三個不同的特徵，但實際上因為這三個特徵各自都只需要一個值就能表示，所以我們只需要一個維度為 3 的向量就能表示了哦，例如對於郵局的大紙箱的長寬高的公分數可以表示為 (39,32,43)。

---

## 文字

文字資料是用文字來**描述或記錄特徵**的一種資料型態。它們通常用於表達人類語言和主觀性的特徵，例如評論、文章、信件等。雖然比起精確的數值類型的資料，文字資料顯得更加主觀一些，因此在後續做文字資料的分析的時候往往需要較多的前置處理和專業知識才能有效地分析。而對於文字的資料，我們可以思考一下文字資料的**最小單位**應該是什麼呢？

- 如果以儲存角度來想，最小的單位應該是一個一個的字元，例如：a, p, p, l, e

- 如果以意義的角度來想，最小的單位似乎就不能再將一個單字切開來，合在一起的 apple 和分開的五個字母是不同的意思，因此我們所能儲存的最小單位就必須要是一整個單字才不會把它變成其他意思。

在前面的兩個不同的例子，我們可以看到基於我們的目的不同，文字資料的劃分方式會有所不同。前面給的例子是從英文的角度出發的，那換到中文的角度又會如何呢？這邊先留個空間給讀者們思考，具體的細節我們會在 [4.5 文字資料原理 ] 中詳細說明。

## 1.2.3 如何儲存 & 處理這些變數

認識了不同的變數類型有不同適合使用的情境之後，讓我們繼續瞭解一下這些不同對應的變數類型是會如何被電腦所儲存與處理的吧。

由於這是一本著重在資料分析觀念與實作的書，所以我們不會花太多篇幅在這些運算的底層電路原理為何。但還是希望經過簡單的說明之後，可以讓非資訊背景的讀者在動手操作這些資料的時候，對它們的瞭解和運作可以更多一分。

### 電腦儲存的基本邏輯

我們都知道電腦的運作是基於二進制的，也就是說在每一個基本的位元（bit）都只能儲存一個 0 或 1，八個位元再組成一個位元組（byte）。我們平常的表示檔案大小的千位元組（kilobyte, KB）、兆位元組（megabyte, GB）和吉位元組（gigabyte, GB）也是由此而來。

從基本的位元往底層看，對於每一個基本儲存位元的 0 或 1，都是依靠由半導體材料製成的儲存位元，例如晶片或固態硬碟。在固態硬碟中，儲存單元通常是由閘極、源極和汲極等元件組成的晶體管。透過控制電壓的不同，進而在晶體管內形成一個開閉路或是高低電壓，來表示 1 或 0。

從基本的位元往上層看，若將它們以一定的格式組合起來，就可以拿來表示各種不同的變數類型。例如我們若透過 32 個位元來表示一個整數，我們一共可以表示 2 的 32 次方（4294967296，約 42 億）種不同的值。因此，雖然我們大多數時候所處理的資料可能不會遇到如此大的值，但如果真的遇到要計算或儲存一個特別大的數值的時候，確認好我們儲存資料的變數類型的儲存範圍也是很重要的。

## 我們永遠無法精確的儲存根號 2

現實世界是一個極其精妙的系統，以至於我們幾乎不可能完美的將其中的現象描述出來。舉例來說，當我們透過體重計的數字說一個人的體重是 60.2 公斤的時候，這只是因為受限於我們的測量或表示的單位（它不到 60.3 但是超過 60.1），我們無法分辨它到底是 62.00..00123 或是 62.4999....00...。對於任何現實層面數值的測量，我們永遠只能透過有限的位數去表示，因為我們無法儲存一個資訊量是無限的數值，就如同我們不能精確的將根號 2 以數值大小形式進行儲存一樣。

## 認識常見的資料儲存格式

在資料分析過程中，我們會遇到各種不同後綴名的檔案格式，因此對於常見的檔案格式也要有個基本的認識才更知道我們所拿到的資料下一步要怎麼處理。以下會介紹一些常見格式與範例：

## txt：純文字檔案（text file）

通常用來儲存簡單的文字資料，它可以用來儲存和分享簡單的資料集，例如單詞列表或者短句子。由於它除了文字以外並不包含任何其他東西，因此純文字檔案可以在任何文字編輯器中打開和編輯。在 Python 中也可以簡單的使用 open() 方式開啟與讀取。

```
Hello, World!
This is a text file example.
```

## csv：逗號分割值（comma-separated values）/ tsv：tab 分割值（tab-separated values）

csv 和 tsv 分別使用**逗號**和**製表符（Tab）**將資料分隔成不同的欄位。它們通常用來儲存和分享結構化的資料，如表格和矩陣，但因為是以文字格式儲存，所以在儲存的時候是不會包含資料型態和欄位格式的。csv 和 tsv 檔案可以用文字編輯器當作文字內容打開，也可以用 Excel 等試算表軟體開啟成表格。在 Python 中可以使用 pandas 等套件進行讀取。

例如對於這樣的一個表格：

| Name | Age | Occupation |
|---|---|---|
| Alice | 30 | Data Analyst |
| Bob | 25 | Software Engineer |
| Charlie | 22 | Student |

以 csv 格式儲存實際上的內容是長這樣：

```
Name,Age,Occupation
Alice,30,Data Analyst
```

```
Bob,25,Software Engineer
Charlie,22,Student
```

以 csv 格式儲存實際上的內容是長這樣 ( 中間的 Tab 符號不可見 )

```
Name     Age Occupation
Alice    30  Data Analyst
Bob      25  Software Engineer
Charlie  22  Student
```

👤 **筆者 murmur：**

你知道嗎 Excel 最大可以開多少筆資料嗎？

筆者之前曾經參加過一個資料分析比賽，主辦方提供了一個千萬筆資料的 csv 檔案，結果就因為超過 Excel 可以開啟的上限所以許多參賽者因此連資料都打不開呢。

根據微軟官方的資料，Excel 可以開啟的列數和欄數上限是 1,048,576 列乘以 16,384 欄 [4]，若超過這個上限後資料還是存在，只是不會顯示在 Excel 中而已。看似這 100 多萬筆資料的範圍很大，但其實還真的會有超過這個上限的情況發生，例如在 2020 年疫情期間的時候英國的衛生部門就因為沒有注意到這個限制而在疫情初期的時候漏掉了 1.5 萬名的確診者 [5]。

---

4　https://bit.ly/Excel 的規格及限制
5　https://www.ithome.com.tw/news/140361

## xlsx：XML Spreadsheet

XLSX 是 Microsoft Excel 的檔案格式，應該是現代 Excel 最常儲存的格式了。要説明它是什麼，就必須要提到 XML——延伸標記式語言（Extensible Markup Language），這種結構可以在儲存資訊的同時，定義整個資料的結構，因此可以在儲存資料之餘包含到表格之間的字體、顏色、合併情況等格式。

對於和剛剛一樣的表格，在 xlsx 中會以這樣的形式儲存，包含了許多除了數值以外的格式內容。

```xml
<?xml version="1.0"?>
<Workbook>
  <Worksheet>
    <Table>
      <Row>
        <Cell><Data>Name</Data></Cell>
        <Cell><Data>Age</Data></Cell>
        <Cell><Data>Occupation</Data></Cell>
      </Row>
      <Row>
        <Cell><Data>Alice</Data></Cell>
        <Cell><Data>30</Data></Cell>
        <Cell><Data>Data Analyst</Data></Cell>
      </Row>
      <Row>
        <Cell><Data>Bob</Data></Cell>
        <Cell><Data>25</Data></Cell>
        <Cell><Data>Software Engineer</Data></Cell>
      </Row>
      <Row>
        <Cell><Data>Charlie</Data></Cell>
        <Cell><Data>22</Data></Cell>
        <Cell><Data>Student</Data></Cell>
      </Row>
```

```
    </Table>
  </Worksheet>
</Workbook>
```

## json：JavaScript Object Notation

JSON 是一種輕量級的資料交換格式，用於儲存和交換結構化的資料。它也是一種透過純文字儲存的格式，而因為儲存的時候透過類似於一層一層字典的關係來將資料包起來，因此也很適合拿來儲存樹狀結構或者圖形資料。JSON 檔案可以在任何文字編輯器中打開和編輯，在 Python 中則可以透過 json 套件或是 pandas 套件來讀取內容。

若將同樣的表格以 json 格式儲存，則會是這樣的結構：

```
[
  {
    "Name": "Alice",
    "Age": 30,
    "Occupation": "Data Analyst"
  },
  {
    "Name": "Bob",
    "Age": 25,
    "Occupation": "Software Engineer"
  },
  {
    "Name": "Charlie",
    "Age": 22,
    "Occupation": "Student"
  }
]
```

# ▌ 1.3 資料的尺度

## 1.3.1 資料尺度

### 資料尺度是什麼？

我們在談論到資料尺度的時候，通常是指資料的**測量尺度**（scale of measure），是一種用來描述資料屬性的方式。在資料分析中，釐清所處理的屬性是以何種尺度表示是一件很重要的步驟，不同尺度的資料也進一步會影響到我們能進行的定性或是定量分析方法。

### 資料尺度和資料類型有什麼不同？

資料尺度主要是為了描述和區分不同類型的**資料之間的差異**，有助於我們更好地理解和分析資料。不同的資料尺度具有不同的特點和應用場景，例如，在運用統計方法進行分析時，資料尺度將決定我們使用哪些統計方法。

資料類型則是用來描述**資料的本質屬性**，例如，數值型資料表示數量或度量值，文字型資料表示語言文字，類別型資料表示分類屬性，布林值型資料表示真假屬性。資料類型是對資料的描述，而資料尺度則是從分析和應用的角度出發，對資料進行分類和區分。

總的來說，資料類型描述資料的本質特徵，資料尺度描述資料在分析和應用中的特點和應用場景。資料類型和資料尺度是相互關聯的，資料類型會影響到資料尺度的選擇，而資料尺度也會影響到資料類型的使用。

# 1.3.2 常見資料尺度介紹

## 名目尺度

　　名目尺度（Nominal scale），又稱謂類別尺度，是指一個資料集中的各個觀測值所代表的類別**沒有大小順序的差異，僅是簡單的分類方式**。舉例來說，我們可以將員工的部門歸納為「行銷部門」、「財務部門」、「人力資源部門」等等，而這些類別之間並沒有任何大小順序之分。名目尺度之間只能比較是否相等，不能比較大小，更不能進行四則運算。若以性別為例，只有相同或不同之分，說兩個人的性別大小，或者算兩個人性別的總和都沒有任何的意義。

　　名目尺度的特徵包括：

- 觀測值之間沒有大小的差異
- 每個類別都是相互獨立的，沒有交集
- 可以進行頻率統計
- 可以進行的運算：是否相等

　　名目尺度通常用於對商品的種類進行分析、對員工的職務進行分類等。在劃分名目尺度時，需要注意確保每個類別的定義明確，並且不會出現重複或遺漏的情況。

## 順序尺度

　　順序尺度（Ordinal scale）是指一個資料集中的各個觀測值代表的類別**有大小順序的差異，但是差異之間的距離則不具有實際意義**，舉例來說，我們可以將一個測試成績歸納為「優」、「良」、「中」、「差」等等，而這些類別之間有大小順序之分，我們知道「優」比「良」好、

「良」比「中」好，但是具體好多少則是沒有明確意義的。順序尺度的觀測值之間具有大小關係，可以進行順序比較，但是不適合進行四則運算。

順序尺度的特徵包括：

- 觀測值之間具有大小的差異
- 每個類別都是相互獨立的，沒有交集
- 可以進行順序統計
- 可以進行的運算：是否相等、比大小

順序尺度通常用於對顧客滿意度進行評估、對消費者的品牌偏好進行分析等。在進行資料分析時，順序尺度的運用需要特別注意選擇合適的統計方法，以確保結果的準確性和可靠性。

## 間距尺度

**間距尺度**（Interval scale），又稱為區間尺度，是指一個資料集中的各個觀測值代表的**類別之間具有相等的距離**，且**有固定的原點**，但是**原點並不具有實際意義**。舉例來說，攝氏溫度就是一個區間尺度，攝氏度之間的距離是相等的，10 度與 20 度之間的溫度差異和 100 度與 110 度直接的差異是相同的，而 0 度雖然代表冰點，但是並不代表完全沒有溫度。

區間尺度的觀測值之間具有相等的距離和大小關係，可以進行加減運算，但是沒有絕對的零點。區間尺度的特徵包括：

- 觀測值之間具有相等的距離和大小關係
- 沒有絕對的零點
- 可以進行的運算：是否相等、比大小、加減區間尺度通常用於物理、化學、數學等自然科學領域中,例如對於溫度、時間、距離等量的測量。在進行資料分析時,需要注意區間尺度在計算結果時的特殊性質,以及在處理資料時應選擇適當的統計方法。

## 比率尺度

比率尺度(Ratio scale)是指一個資料集中的各個觀測值代表的類別**有大小順序的差異**,這些**差異之間的距離具有實際意義**,並且**有一個絕對零點**,例如體重、身高、收入等等。

比率尺度的觀測值之間具有大小關係,可以進行順序比較,同時也具有實際的數值差異,並且可以進行四則運算和比較大小關係,例如計算某個人的體重是另一個人的兩倍,或者比較兩個人的身高差距。

比率尺度的特徵包括:

- 觀測值之間具有大小的差異
- 每個觀測值都有固定的數值單位,可以進行數值運算
- 存在絕對零點,可以進行比較大小關係
- 可以進行的運算:是否相等、大小關係比較、加減乘除運算

比率尺度通常用於量化分析中,例如對於人口統計學資料、財務資料等進行分析。在進行資料分析時,比率尺度的運用需要特別注意數值的單位和量度標準,以確保結果的準確性和可靠性。

## 練習時間:區分不同的尺度

接下來讓我們透過兩個實際的例子來練習試一下對於不同尺度的區分吧。

第一題：

> 　　華府**編號 9527** 的下等傭人華安，因為打贏了奪命書生後，取回了兵器譜**第 1** 的排名。

**解答**：

- **編號 9527**：名目尺度。因為這邊的資料只是用來表示一個特定的身份，數字本身並不一定具有可以比較大小的意義，僅僅表示一個獨一無二的對應，因此應該為名目尺度。

- **第 1**：順序尺度。因為可以表示前後的順序，但不包含不同順序之間的差距。例如第 2、3 名之間的差距和第 5、6 名之間的差距在這裡是無法得知的，因此應該為順序尺度。

第二題：

> 　　家裡住在大安區（**郵遞區號 106**）的阿明，買了 **99 朵**玫瑰之後，唱著《熱愛 105℃ 的你》向小美告白。

**解答**：

- **郵遞區號 106**：名目尺度。因為不同類別的郵遞區號之間無法進行比較大小。

- **99 朵**：比率尺度。它可以是 33 朵的 3 倍，也可以是比 100 朵少 1 朵，可以比較倍數和比大小，因此是一種比率尺度。

- 105℃：間距尺度。比率尺度的定義是基於原點（0）而來，間距尺度則是由資料之間的差值賦予意義，攝氏溫度的定義來自於不同溫度直接的差值而非直接的原點數值，因此我們不能直接說 40℃ 是 20℃ 的兩倍，但可以說 40℃ 和 20℃ 之間的差距是 40℃ 和 30℃ 之間差距的 2 倍。

# 1.3.3 不同尺度的差別

## 尺度間的轉換

尺度之間的轉換是指將資料從一種尺度類型轉換為另一種尺度類型。一般來說，從低等級的尺度轉換到高等級的尺度是不可行的，因為高等級尺度包含的資訊比低等級尺度更豐富。以下整理一些常見的轉換限制：

- 名目尺度的資料不能當成一般數字處理。
- 順序尺度的資料可以排序，但不能加減。
- 間距尺度的資料不能直接乘除一個倍數來縮放，但可以透過加減來平移。

## 尺度比較整理表

| 尺度類型 | 說明 | 轉換限制 | 適用的統計方法 | 適用的視覺化技巧 |
|---|---|---|---|---|
| 名目尺度 | 將資料分類為不同的類別，類別之間沒有順序或等級關係。例如，性別、國籍等。 | 無法轉換為順序尺度、區間尺度或比率尺度。 | 卡方檢定等非參數方法 | 柱狀圖條形圖 |
| 順序尺度 | 包含類別之間的順序關係，例如學歷、滿意度等。 | 可轉換為名目尺度；無法轉換為區間尺度或比率尺度。 | 曼惠特尼檢定等非參數方法 | 柱狀圖條形圖箱型圖 |
| 間距尺度 | 具有順序關係，並具有等距的區間，例如攝氏溫度、日期等。 | 可轉換為名目尺度或順序尺度；無法轉換為比率尺度。 | t 檢定、方差分析等參數方法 | 折線圖散點圖直方圖 |
| 比率尺度 | 具有絕對零點，可以進行加減乘除等運算，例如，重量、距離等。 | 可轉換為名目尺度、順序尺度或區間尺度。 | t 檢定、方差分析等參數方法 | 折線圖散點圖直方圖 |

# 02

# Python 基礎

# 2.1 Python 語言

## 2.1.1 Python 語言特性與歷史

### Python 的歷史與設計哲學

　　Python 的歷史可以追溯到上個世紀 80 年代末，當時 Guido van Rossum 在荷蘭的 CWI[1] 工作，因為覺得其他的程式語言不夠好用他便花費了三個月的閒暇時間開發了一種新的程式語言——Python[2]。而第一個正式的 Python 版本在 1991 問世，並在 1994 年發佈了 Python 的第一個穩定版本 1.0。自此以後，Python 不斷更新和發展，現在每天已經有數百萬人都在使用，截止到 2023 年也已經發佈到了 3.11 的版本了。

　　Python 的設計哲學是它成為成功的開源項目和受歡迎程式語言的關鍵所在，可以體現在其**簡潔**、**易讀**、**可維護**、**可擴展**、**優美**和**實用**等設計原則中：

- **簡潔性**：Python 的語法簡潔且易於理解。Python 程式碼通常比其他語言的程式碼要少，這使得 Python 程式碼更加易於編寫和維護。

- **易讀性**：Python 的語法清晰，並且使用了明確的命名規則。Python 的程式碼通常易於理解，即使是沒有太多程式經驗的人也能很快上手。

---

1　CWI：全稱 Centrum Wiskunde & Informatica( 荷蘭數學與計算機科學研究學會 )。
2　Python：因為與英文中的蟒蛇同名，因此其 Logo 基本上常為此造型。

- **可維護性**：Python 的簡潔和易讀性使得程式碼的維護變得更加容易。Python 提供了許多工具和模塊，使得程式碼的測試、調試和維護變得更加簡單。

- **可擴展性**：Python 可以輕鬆地擴展到其他領域，例如網站開發、數據分析、機器學習等等。Python 提供了許多庫和框架，可以輕鬆地完成這些任務。

- **優美性**：Python 的設計強調美感和優雅，這體現在 Python 的語法和程式碼風格中。Python 程式碼的撰寫風格應該符合 PEP 8（Python Enhancement Proposals 8）規範，這樣可以使得 Python 程式碼更加統一和易讀。

- **實用性**：Python 的開發者們一直強調 Python 的實用性，並且努力確保 Python 可以應對各種不同的問題和需求。Python 的設計強調在保持簡潔和易讀性的同時，保持足夠的靈活性和功能性。

---

【Python 之禪】這是在 Python 中的一個彩蛋，我們可以使用以下程式叫出「Python 之禪」——這是一段涵蓋 Python 語言的設計哲學和原則的詩。

```
import this
```

輸出結果：

```
The Zen of Python, by Tim Peters

Beautiful is better than ugly.
Explicit is better than implicit.
Simple is better than complex.
```

```
Complex is better than complicated.
Flat is better than nested.
Sparse is better than dense.
Readability counts.
Special cases aren't special enough to break the rules.
Although practicality beats purity.
Errors should never pass silently.
Unless explicitly silenced.
In the face of ambiguity, refuse the temptation to guess.
There should be one-- and preferably only one --obvious way to do it.
Although that way may not be obvious at first unless you're Dutch.
Now is better than never.
Although never is often better than *right* now.
If the implementation is hard to explain, it's a bad idea.
If the implementation is easy to explain, it may be a good idea.
Namespaces are one honking great idea -- let's do more of those!
```

其中最前面的幾句正是最重要的幾個原則：

■ 優美勝於醜陋（Beautiful is better than ugly）
Python 是一個追求美感和優雅的語言

■ 明確勝於晦澀（Explicit is better than implicit）
優雅的語言應該是讓人一目了然的

■ 簡單勝於複雜（Simple is better than complex）
優雅的語言應該避免複雜的內部結構

■ 複雜勝於繁雜（Complex is better than complicated）
如果複雜不可避免，也要儘量保證程式之間的明確關係

- 扁平勝於嵌套（Flat is better than nested）
  優雅的程式結構應該是扁平的，不要有太多的嵌套結構

- 間隔勝於緊湊（Sparse is better than dense）
  優雅的程式要有適當的間隔，不要用一行程式試圖解決所有問題

- 可讀性很重要（Readability counts）
  優雅的程式碼一定是容易理解的，若有必須要補充的部分就加上註解吧

## 為何 Python 成為資料分析的首選語言

得益於其簡潔的語法、優秀的可讀性和很低的門檻，使得初學者可以快速入門，並且可以輕鬆閱讀其他人寫的程式碼。此外，Python 有豐富的生態系統，其中包括許多高品質的資料分析工具和套件，使得資料分析人員可以輕鬆地使用這些既有的工具進行數據處理和分析，省去許多重新發明輪子的工作量。

除此之外，作為一種通用語言，使用 Python 可以一條龍式的完成從資料的蒐集、處理、分析、部署的過程。而非常活躍的 Python 社區也不斷開發和維護許多強大的套件和工具，並提供豐富的文檔和學習資源。這使得 Python 在資料分析領域得到廣泛應用的同時，也在如今常常成為其他領域的首選之一。

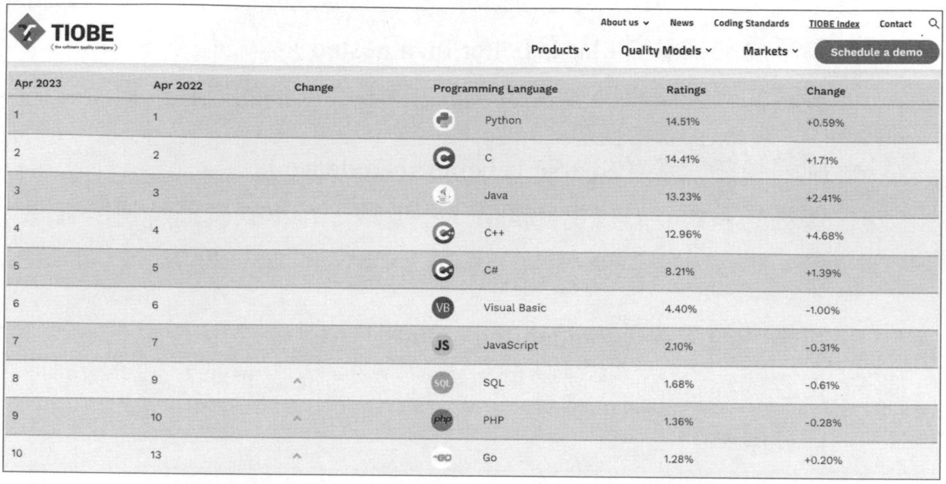


| Apr 2023 | Apr 2022 | Change | Programming Language | Ratings | Change |
|---|---|---|---|---|---|
| 1 | 1 | | Python | 14.51% | +0.59% |
| 2 | 2 | | C | 14.41% | +1.71% |
| 3 | 3 | | Java | 13.23% | +2.41% |
| 4 | 4 | | C++ | 12.96% | +4.68% |
| 5 | 5 | | C# | 8.21% | +1.39% |
| 6 | 6 | | Visual Basic | 4.40% | -1.00% |
| 7 | 7 | | JavaScript | 2.10% | -0.31% |
| 8 | 9 | ^ | SQL | 1.68% | -0.61% |
| 9 | 10 | ^ | PHP | 1.36% | -0.28% |
| 10 | 13 | ^ | Go | 1.28% | +0.20% |

▲ 圖 2-1 根據程式語言排名 TIOBE Index，Python 目前位居各程式語言流行度榜首

## 2.1.2 Python 的生態與常用資料分析套件介紹

Python 擁有非常多的優秀套件與強大社區支持。根據 Python Package Index（PyPI）的數據，截至至 2023 年，Python 的套件數量已經超過 450,000 個，並且仍然在持續增加中。

以下我們來瞭解一下在資料分析領域中常用的套件：

- **Pandas**：專為處理結構化數據設計，像是表格和時間序列，具有強大的數據讀寫、選取、過濾、清洗、轉換、聚合和分組等功能。
- **NumPy**：提供高效的數據存儲和數值計算能力，特別適用於大型多維陣列和矩陣運算，包括建立和操作陣列、陣列數學運算、線性代數、傅立葉轉換和隨機數產生等。
- **Matplotlib**：優秀的數據可視化工具，能製作各種靜態或動態的圖表，包含散點圖、柱狀圖、折線圖 ... 等，並且可以自定義顏色和樣式。

- Scikit-learn：涵蓋非常全面的機器學習工具和算法，包括監督學習、非監督學習等，並支援資料前處理、特徵選擇、資料轉換、模型選擇和評估等功能。

- TensorFlow / pytorch：這兩個模組皆為當今最流行的深度學習框架，能夠構建和訓練各種類型的神經網路模型，如全連接網路、卷積神經網路等，並提供模型訓練、優化、評估和預測等功能。

# 2.2 Python 環境

上一章我們談了為何 Python 已經成為現在主流的資料分析語言，本章將手把手引導你完成 Python 開發環境的安裝，並且建立一個專屬的環境。

## 2.2.1 安裝 Conda 虛擬環境管理器

### Conda 是什麼？

Conda 是一個以 Python 語言建立的運行在 Windows、macOS 和 Linux 上的開源套件管理系統和環境管理系統。它可以快速安裝、運行和更新套件及其依賴項，而不需要擔心複雜的安裝過程。Conda 還可以輕鬆地在本地電腦上建立、保存、加載和切換環境，讓你可以輕鬆地管理多個項目。

除了可以讓我們輕鬆的查找與安裝不同的套件以外，Conda 也是一個優秀的環境管理工具，可以允許我們同時為多個不同的環境獨立的安裝各自的套件。透過 Conda，我們只需要幾個簡單的指令，就可以建立或刪除一個 Python 虛擬環境。如此一來，我們就可以輕鬆地管理各種不同的開發環境，而不必擔心影響到其他項目的運作。

Anaconda 則是一個包含 Conda 的軟體套件，包含各種開發可能用得到或是用不到的許多模組。通常坊間的 Python 教學內容都會推薦使用 Anaconda 作為 Python 環境的管理套件，然而，光是安裝完 Anaconda 就大概需要 3 ～ 4GB 以上的硬碟空間，並且有許多一同安裝的軟體其實大多我們是不一定會用上的。因此，筆者在此推薦的是安裝 Anaconda 的精簡版本——Miniconda。如同名字裡的「mini」所述，整個 Miniconda 安裝完大概只需要 400MB 的空間，然而我們所需要用到的環境管理功能卻是完全不會落下。接下來我們將會介紹在各種不同系統中的環境安裝流程，讀者可以根據自己的需求參考不同的方式。

---

**Tips**

「成功最大的威脅不是失敗，而是無聊。」

——《原子習慣》

---

當我們希望改變自己的某些行為或習慣時，那麼得到即時反饋是至關重要的，反饋可以幫助我們快速了解我們的行為是如何影響自己和周圍人的。如果回饋速度太慢，我們可能會忘記我們之前的行為，進而錯失改變的機會。因此對於希望追求進步和成長的人來說，即時的回饋是必不可少的。回饋速度的快慢決定著我們是否能夠在最短的時間內達到自己的目標。

## 圖形化安裝流程（適用於 Windows／MacOS）

首先，我們先前往 Miniconda 的下載網站（https://docs.conda.io/en/latest/miniconda.html），或是 Google 搜尋 Miniconda 也可以找到它。

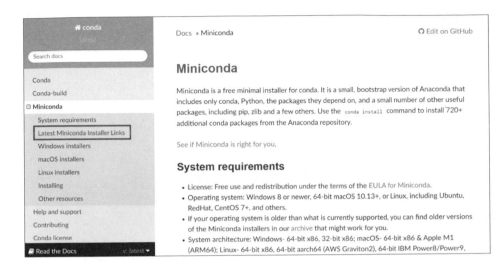

我們可以從左側的欄位中，跳轉到下載區塊。

接下來，根據你電腦的系統下載對應的版本（Mac 圖形化安裝介面請選擇 pkg 格式）。

## Latest Miniconda Installer Links

*Latest - Conda 23.3.1 Python 3.10.10 released April 24, 2023*

| Platform | Name | SHA256 hash |
|---|---|---|
| Windows | Miniconda3 Windows 64-bit | 307194e1f12bbeb52b083634e89cc67db4f7980bd542254b43d3309eaf7cb358 |
| | Miniconda3 Windows 32-bit | 4fb64e6c9c28b88beab16994bfba4829110ea3145baa60bda5344174ab65d462 |
| macOS | Miniconda3 macOS Intel x86 64-bit bash | 5abc78b664b7da9d14ade330534cc98283bb838c6b10ad9cfd8b9cc4153f8104 |
| | Miniconda3 macOS Intel x86 64-bit pkg | cca31a0f1e5394f2b739726dc22551c2a19afdf689c13a25668887ba706cba58 |
| | Miniconda3 macOS Apple M1 64-bit bash | 9d1d12573339c49050b0d5a840af0ff6c32d33c3de1b3db478c01878eb003d64 |
| | Miniconda3 macOS Apple M1 64-bit pkg | 6997472c5ff90a772eb77e6397f4e3e227736c83a7f7b839da33d6cc7facb75d |
| Linux | Miniconda3 Linux 64-bit | aef279d6baea7f67940f16aad17ebe5f6aac97487c7c03466ff01f4819e5a651 |
| | Miniconda3 Linux-aarch64 64-bit | 6950c7b1f4f65ce9b87ee1a2d684837771ae7b2e6044e0da9e915d1dee6c924c |
| | Miniconda3 Linux-ppc64le 64-bit | b3de538cd542bc4f5a2f2d2a79386288d6e04f0e1459755f3cefe64763e51d16 |
| | Miniconda3 Linux-s390x 64-bit | ed4f51afc967e921ff5721151f567a4c43c4288ac93ec2393c6238b8c4891de8 |

執行安裝包，根據引導持續進行下一步。

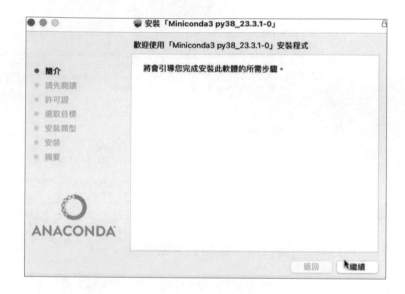

在過程中我們可以看到 Miniconda 所需要占的空間是非常的小的，因此安裝速度也十分的快。

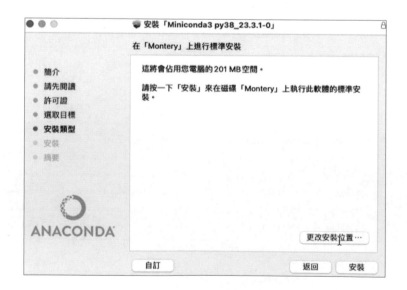

如果是 Windows 的系統，因為它不會幫我們添加 conda 指令的路徑到系統參數中，所以我們需要勾選這個選項[3]。

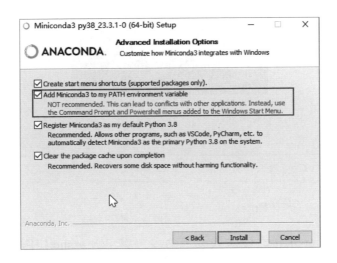

安裝好後，Mac 可以打開終端機，看到名稱左邊有一個（base）就表示安裝成功了。

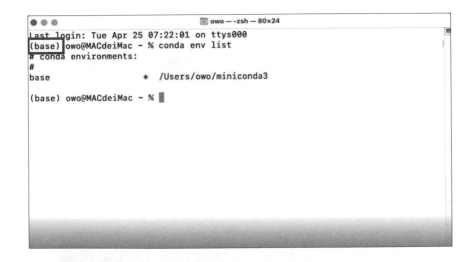

---

3　若讀者系統內已經有透過其他方式安裝過 Python，此處可以不用勾選以避免發生衝突。

Windows 的話需要額外做一些處理，我們在開始菜單欄尋找 Windows Powershell 並以管理員權限打開。

輸入：

```
set-ExecutionPolicy RemoteSigned
```

然後輸入 y 後按 Enter。

重開 Powershell 之後輸入以下命令，讓 Powershell 中可以直接使用 conda。

```
conda init powershell
```

再次重開後，一樣看到左側的（base）就表示成功了。

```
(base) PS C:\Users\Administrator>
```

我們可以用以下指令檢查目前的 python 和 conda 的版本，若沒有跳出錯誤則恭喜你都安裝成功了：

```
python --version
conda -version
```

```
(base) PS C:\Users\Administrator> python --version
Python 3.8.16
(base) PS C:\Users\Administrator> conda --version
conda 23.3.1
```

## 指令安裝流程（適用於 Linux、WSL）

在前往 Miniconda 的下載網站（https://docs.conda.io/en/latest/miniconda.html）後，對著符合自己系統的版本，右鍵複製下載的連結。

### Latest Miniconda Installer Links

*Latest - Conda 23.3.1 Python 3.10.10 released April 24, 2023*

| Platform | Name | SHA256 hash |
|---|---|---|
| Windows | Miniconda3 Windows 64-bit | 307194e1f12bbeb52b083634e89cc67db4f7980bd542254b43d3309eaf7cb358 |
| | Miniconda3 Windows 32-bit | 4fb64e6c9c28b88beab16994bfba4829110ea3145baa60bda5344174ab65d462 |
| macOS | Miniconda3 macOS Intel x86 64-bit bash | 5abc78b664b7da9d14ade330534cc98283bb838c6b10ad9cfd8b9cc4153f8104 |
| | Miniconda3 macOS Intel x86 64-bit pkg | cca31a0f1e5394f2b739726dc22551c2a19afdf689c13a25668887ba706cba58 |
| | Miniconda3 macOS Apple M1 64-bit bash | 9d1d12573339c49050b0d5a840af0ff6c32d33c3de1b3db478c01878eb003d64 |
| | Miniconda3 macOS Apple M1 64-bit pkg | 6997472c5ff90a772eb77e6397f4e3e227736c83a7f7b839da33d6cc7facb75d |
| Linux | Miniconda3 Linux 64-bit | aef279d6baea7f67940f16aad17ebe5f6aac97487c7c03466ff01f4819e5a651 |
| | Miniconda3 Linux-aarch64 64-bit | 6950c7b1f4f65ce9b87ee1a2d684837771ae7b2e6044e0da9e915d1dee6c924c |
| | Miniconda3 Linux-ppc64le 64-bit | b3de538cd542bc4f5a2f2d2a79386288d6e04f0e1459755f3cefe64763e51d16 |
| | Miniconda3 Linux-s390x 64-bit | ed4f51afc967e921ff5721151f567a4c43c4288ac93ec2393c6238b8c4891de8 |

接下來請開啟你的終端機，輸入 **wget** + 你複製的網址，例如：

```
wget https://repo.anaconda.com/miniconda/Miniconda3-latest-Linux-x86_64.sh
```

然後下載任務就會開始進行，時間取決於你的網路速度。

```
owo@MSI:          $ wget https://repo.anaconda.com/miniconda/Miniconda3-latest-Linux-x86_64.sh
--2023-04-27 14:19:29--  https://repo.anaconda.com/miniconda/Miniconda3-latest-Linux-x86_64.sh
Resolving repo.anaconda.com (repo.anaconda.com)... 104.16.131.3, 104.16.130.3, 2606:4700::6810:8303, ...
Connecting to repo.anaconda.com (repo.anaconda.com)|104.16.131.3|:443... connected.
HTTP request sent, awaiting response... 200 OK
Length: 73134376 (70M) [application/x-sh]
Saving to: 'Miniconda3-latest-Linux-x86_64.sh'

Miniconda3-latest-Linux-x86_6   0%[                          ] 679.08K  150KB/s    eta 7m 51s
```

　　輸入 ls 查看目前目錄下的檔案，應該會看到一個 .sh 結尾的檔案：
Miniconda3-latest-Linux-x86_64.sh

　　讓我們使用 bash 執行它（輸入部分檔名後就可以使用 Tab 進行補全）。

```
bash Miniconda3-latest-Linux-x86_64.sh
```

- 看完它跳出來的授權（lincense）之後，它會問你是否同意，輸入
  yes。

```
Do you accept the license terms? [yes|no]
[no] >>> yes
```

- 是否有要更改安裝位置，我是選擇預設所以直接 Enter 就好。

```
Miniconda3 will now be installed into this location:
/home/owo/miniconda3

  - Press ENTER to confirm the location
  - Press CTRL-C to abort the installation
  - Or specify a different location below
```

- 是否有要初始化一些設定，為了節省麻煩所以建議輸入 yes。

```
Do you wish the installer to initialize Miniconda3
by running conda init? [yes|no]
[no] >>> yes
```

　　此時輸入 conda 會發現還是找不到，因為還沒有啟用註冊表：

```
source .bashrc
```

## 管理虛擬環境與套件安裝

在使用 Python 的過程中，我們經常會需要用到各種不同的套件，但這些套件可能會相容性問題——無法在同一個環境中運作或者需要特定的 Python 版本。為了避免類似的這些問題，我們可以使用虛擬環境管理器（Conda 就是其中一種）來建立獨立的環境，讓我們可以在不同的專案中使用獨立的開發環境以避免相容性的問題。

> **Tips**
>
> 在學習一個程式語言的初期過程中，比起語法規則，更多人是因為環境安裝等問題而放棄。

接下來我們將會針對如何使用 Conda 來管理環境的一些常用功能進行說明。

首先，打開你的命令行（Windows 請開啟 Conda Prompt Powershell），我們先查看目前系統裡面有哪些虛擬環境和它們安裝在哪裡？

```
conda env list
```

```
(base) PS C:\Users\Administrator> conda env list
# conda environments:
#
base                   *  C:\ProgramData\miniconda3
```

接下來，讓我們使用以下命令建立新的虛擬環境（此處我命名為 myenv，也可以換成其他的名字），並指定它的 Python 版本。

```
conda create --name myenv python==3.8
```

```
## Package Plan ##

  environment location: C:\ProgramData\miniconda3\envs\myenv

  added / updated specs:
    - python==3.8


The following packages will be downloaded:

    package                        |           build
    -------------------------------|------------------------
    python-3.8.0                   |         hff0d562_2        15.9 MB
    setuptools-66.0.0              |       py38haa95532_0       1.2 MB
    sqlite-3.41.2                  |         h2bbff1b_0        894 KB
    -------------------------------------------------------
                                           Total:             18.0 MB

The following NEW packages will be INSTALLED:

  ca-certificates    pkgs/main/win-64::ca-certificates-2023.01.10-haa95532_0
  openssl .          pkgs/main/win-64::openssl-1.1.1t-h2bbff1b_0
  pip                pkgs/main/win-64::pip-23.0.1-py38haa95532_0
  python             pkgs/main/win-64::python-3.8.0-hff0d562_2
  setuptools         pkgs/main/win-64::setuptools-66.0.0-py38haa95532_0
  sqlite             pkgs/main/win-64::sqlite-3.41.2-h2bbff1b_0
  vc                 pkgs/main/win-64::vc-14.2-h21ff451_1
  vs2015_runtime     pkgs/main/win-64::vs2015_runtime-14.27.29016-h5e58377_2
  wheel              pkgs/main/win-64::wheel-0.38.4-py38haa95532_0


Proceed ([y]/n)?
```

　　稍等幾分鐘後，它應該就就建立好了。但這個時候我們命令行左側
仍然是顯示（base），這表示目前我們還在 base 環境中。因此需要使用
以下指令切換到我們剛剛建立的虛擬環境，應該就會看到左側顯示變成
（myenv）了。

```
conda activate myenv
```

```
(base) PS C:\Users\Administrator> conda activate myenv
(myenv) PS C:\Users\Administrator>
```

　　在這個環境中，我們可以查看目前安裝的套件有哪些（不同環境中
的套件是互相獨立的）。

```
conda list
pip list
```

啟用了環境之後，就讓我們來在這個環境下面安裝套件：

```
conda install numpy # 你可以用 conda 安裝
pip install numpy # 或是用 pip 安裝
pip install numpy==1.21.5 # 安裝的時候也可以指定你要某個特定的版本
```

　　或者我們也可以將要安裝的套件（可以指定版本）儲存在一個文字檔案（通常會叫 requirements.txt）中，然後一次安裝所有的套件。在本書提供的範例程式中，每一個範例程式所在的資料夾都會提供一份這份程式執行所需的套件清單，類似下面這樣，每一行表示一個套件，並且可以指定版本：

```
matplotlib==3.7.1
numpy==1.23.5
scipy==1.10.1
scikit-learn==1.2.2
lxml==4.9.2
pandas==1.5.3
requests==2.28.1
```

讀者可以用以下指令安裝：

```
pip install -r requirements.txt
```

🔒 常見問題：

Ｑ：在學習 Python 過程中經常會看到有用 pip 或是 conda 來安裝套件，這兩個有什麼差別嗎？

Ａ：兩者都是常用的 Python 套件管理工具，但是略有差異。pip 是 Python 預設的套件管理工具，可以從 PyPI（Python Package Index）中下載套件。conda 則是一個更全面的套件管理工具，除了 Python 套件管理以外也可以安裝一些額外的內容（例如 C++ 庫或其他環境依賴）。使用 pip 和 conda 都各自有其優點和限制，conda 對於環境衝突的處理能力較好，但有些套件可能只有提供 pip 安裝的版本，因此我們要根據實際需求選擇或嘗試。

當然，有時候也會需要把套件從環境當中刪除或重裝，這個時候我們可以用以下指令刪除套件：

```
pip uninstall numpy
```

可能是結束了一個專案後需要清理空間，也可能是在安裝套件過程中遇到了一些莫名的狀況就是解決不了，那這個時候直接把整個虛擬環境刪除就是最省心的做法了，這也是我們選擇使用虛擬環境最大的好處之一。

```
conda env remove -n myenv
```

Tips

「重開解決 80% 的問題，重裝解決 99% 的問題」——網路留言

## 2.2.2 安裝 VS Code 編輯器

如果把 conda 比喻成管理著食材（Python 套件們）的冰箱，那 VS Code 就是讓我們可以大展身手的料理臺，因此在這個小節將會教你如何安裝它使用它執行 Python。

### 為何選擇 VS Code ？

VS Code 是一款免費、開源的程式碼編輯器，由 Microsoft 開發。它具有以下優點，使其成為 Python 開發的理想選擇：

1. **跨平台**：VS Code 支援 Windows、macOS 和 Linux 操作系統。

2. **輕量化**：相較於其他集成開發環境（IDE），VS Code 具有更快的啟動速度和更低的資源消耗。

3. **強大的擴充性**：VS Code 擁有豐富的插件庫，可透過安裝插件來擴展其功能。

4. **智能提示與自動完成**：VS Code 內建了對 Python 的語法高亮、程式片段以及自動完成功能，提高開發效率。

5. **集成 Git**：VS Code 內建了 Git 版本控制功能，方便進行程式碼管理。

## 如何安裝 VS Code ？

1. 下載安裝檔 打開瀏覽器，訪問 VS Code 官方網站（https://code.
visualstudio.com/），根據系統下載安裝程式。

2. 安裝 VSCode 完成下載後，執行安裝檔並按照提示進行安裝。如
果系統提示有權限問題，請以系統管理員身份執行安裝檔。

   在「選擇額外任務」頁面，建議勾選「添加到 PATH」選項，以
便在命令行中開啟 VS Code。

3. 安 裝 擴 充 套 件 打 開 安 裝 完 成 的 VSCode 編 輯 器， 按 下
Ctrl+Shift+X（或者點選左側邊欄的擴充功能圖示），開啟擴充套
件頁面。在搜尋欄輸入「Python」，出現 Python Extension 後點
選「Install」安裝擴充套件。

## 在 VSCode 中執行 Python

1. 新建 Python 檔案 。

2. 執 行 Python 程 式 按 下 F5 鍵 或 者 點 選 左 側 邊 欄 的「Run and
Debug」圖示，選擇「Python」後即可執行 Python 程式。程式執
行結果會顯示在 VSCode 編輯器下方的輸出面板中。

## 2.2.3 撰寫你的第一個程式

在 VS Code 編輯器中點選左側邊欄的檔案圖示，選擇一個資料夾
並點選右鍵，選擇「New File」。在新建的檔案中輸入 以下 Python 程式
碼，並儲存檔案。

```
1. print("hello, world")
```

這個程式會在你的畫面上印出 hello, world 。

在 VS Code 的右下角選擇我們的 Conda 環境：

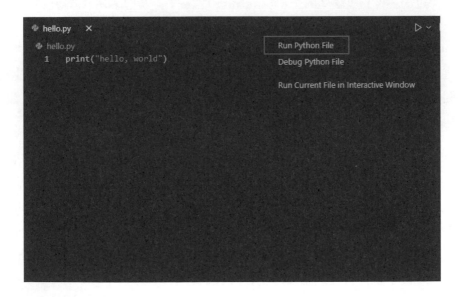

接下來選擇執行：

程式的結果便會出現在下方了！

```
PROBLEMS    OUTPUT    DEBUG CONSOLE    TERMINAL

(base) PS C:\Users\Administrator\Desktop> & C:/Users/Administrator/miniconda3/py
thon.exe c:/Users/Administrator/Desktop/hello.py
hello, world
(base) PS C:\Users\Administrator\Desktop>
```

【歷史故事】為什麼寫程式都會從 Hello World 開始？用來代表程式語言容易上手難度的 TTHW 指標 Hello World。

「Hello World」的概念最早可以追溯到 1972 年，當時美國電腦科學家布萊恩‧柯林漢（Brian Kernighan）在一篇關於 B 語言的文章《A Tutorial Introduction to the Language B》中，首次引用了這個簡單的範例程式。這篇文章的目的是為了向讀者展示 B 語言的簡潔和易用性。柯林漢在範例中使用了 "hello, world" 這個短語，將其作為輸出，讓讀者更加直觀地理解程式語言的基本概念。

後來，在 1978 年，柯林漢與丹尼斯‧里奇（Dennis Ritchie）共同出版了一本關於 C 語言的經典教材《C 語言程式設計》。該書成為了 C 語言的經典教程，也是許多程序員的入門教材。在書中，他們將「Hello World」這個經典範例再次呈現給讀者，作為學習 C 語言的第一個實例。此後，「Hello World」逐漸被其他程式語言的教程和入門書籍所采用，成為了學習各程式語言的里程碑般的起點。

此外，TTHW（Time to hello world）是一個衡量程式語言或框架上手難度的非正式指標。這個指標描述了從開始學習一個新語言或框架到成功運行第一個「Hello World」程式所需的時間。越短的「Time to hello world」意味著語言或框架更容易上手，讓初學者能夠更快地投入到實際的項目開發中。

# 2.3 基本運算

上一章我們安裝完了 Python 的環境，這一章則是為沒有任何程式基礎的讀者所準備的。我們將會從程式的變數概念出發，讓你學會 Python 中有哪些基本的運算和資料類型並進行實作。

## 2.3.1 變數

### 認識變數

當開始學習程式設計時，變數是一個我們必須理解的重要概念。在程式中，變數是一種儲存資料的容器，它可以用來存儲數字、文字、布林值等不同類型的資料。變數的名稱則是我們給它們賦予的標籤，以便在程式中引用它們。

變數在程式中的使用有幾個重要的原因：

1. **儲存資料**：變數允許我們在程式執行期間儲存和操作資料。例如，當你需要記錄使用者的名字或計算數學表達式的結果時，就可以使用變數來保存這些值。

2. **記錄狀態**：變數可以用來表示程式的狀態。例如在遊戲中，我們可以使用變數來表示玩家的分數或遊戲進度。

3. **方便重複使用和修改**：使用變數可以使程式更加靈活，如果在程式中多次使用相同的值，我們只需將其賦予一個變數，然後在需要時引用該變數。當這個值需要發生變動的時候，只要在一個地方進行修改就好，而不用在整個程式中尋找每個出現的地方進行更改。

4. **傳遞和共享資料**：變數也使得在不同的程式區塊之間傳遞和共享資料變得容易許多。我們可以在一個函數中聲明變數，然後在其他函數中引用它們，從而實現資料共享和傳遞。

在 Python 中，你可以透過簡單的指定一個變數名稱來建立一個變數。例如，假設我們想要建立一個變數來存儲一個人的年齡，我們可以這樣寫：

```
1. age = 25
```

在這個例子中，我們建立了一個名為 age 的變數，並將值 25 賦予給它（使用 = 符號）。現在，我們可以在程式的其他地方使用這個變數，以便在需要的時候引用它。

---

**Tips**

在程式語言中，= 符號在表示將右邊的值賦給左邊的變數，它的作用是將數據存儲在變數中，而不是用於數學上的相等性判斷。

---

## 變數的命名規則

在程式中，我們需要建立不同的變數名稱來儲存不同的變數值。當我們在 Python 中命名變數時，需要遵循一些命名規則，以確保程式的可讀性和一致性。以下是 Python 變數命名的一些規則：

1. **遵循命名規則**：Python 變數的名稱需要遵循以下規則[4]：

   - 變數名稱只能包含字母（大小寫均可）、數字、底線（_）或中文[5]。
   - 變數名稱不能以數字開頭，但在其他位置可以包含數字。
   - 變數名稱是區分大小寫的，例如 age 和 Age 是代表不同的變數。
   - 變數名稱不能使用 Python 的關鍵字（保留字）。

2. **使用有意義的名稱**：命名變數時，應該選擇具有描述性的名稱，能夠清楚地表達變數所代表的內容或含義。例如，使用 age 來表示一個人的年齡，而不是使用無意義的名稱如 a 或 x。

3. **使用下劃線命名法（Snake Case）**：在 Python 中，通常使用下劃線命名法來命名變數，這是一種將單詞用下劃線連接的命名風格。例如，my_variable_name。這種風格使變數名稱更容易閱讀和理解。

4. **注意命名風格的一致性**：在你的程式中保持一致的命名風格，這有助於提高可讀性並使程式碼更具一致性。選擇一種命名風格，例如下劃線命名法，並在整個程式中遵循相同的風格。

---

4　這邊只有第 1 條是強制規範，其他條如果不遵守程式也還是能執行。但保持良好的命名規則可以讓程式變得更好維護。

5　是的，變數名稱可以使用中文，但強烈不建議使用中文作為變數名稱，除了會降低可讀性以外也容易產生編碼問題。

## 保留字與內建函數

在 Python 中，有一些特殊的詞彙被稱為「保留字（Reserved Words）」或「關鍵字（Keywords）」，這些詞彙具有特殊的含義和功能，被用於語法結構和特定目的。這是為了確保語言的一致性和避免混淆，所以你不能將保留字用作變數名稱或函數名稱。目前 Python 一共有 35 個保留字，如下：

| False | None | True | and | as |
|---|---|---|---|---|
| assert | async | await | break | class |
| continue | def | del | elif | else |
| except | finally | for | from | global |
| if | import | in | is | lambda |
| nonlocal | not | or | pass | raise |
| return | try | while | with | yield |

看到這麼多保留字不用擔心，大多數都會在之後的介紹中提到，不必現在急著把它們全部背起來。如果真的有需要的時候，也可以在 Python 中使用 help("keywords") 來查看保留字清單。

此外，Python 裡面也提供了許多的內建函數（Built-in Functions），這些函數都是 Python 語言內部提供的，可以直接使用而不需要進一步的配置或引入其他庫。這些內建函數提供了各種功能，包括數學運算、型別轉換、輸入輸出、列表操作、字串處理等。以下提供一些常見的 Python 內建函數：

- print()：用於將內容輸出到終端或標準輸出。
- len()：用於返回對象的長度或元素個數。
- input()：用於從用戶獲取輸入。
- range()：用於建立一個整數範圍的序列。

- type()：用於獲取對象的型別。
- int(), float(), str(), list(), dict(), tuple(), set()：用於進行型別轉換。
- abs(), max(), min(), sum()：用於數學運算，如絕對值、最大值、最小值、總和等。

🔒 常見問題：

Q：這麼多名字，我記不起來怎麼辦？

A：比起保留字，內建函數的種類更多了，而且隨著不同的版本還可能會有變化，因此若要將它們全部記起來是十分費力的。這邊提供一個非常簡單的判斷方式：看顏色。 如果我們使用類似 VSCode 這類的編輯器的時候，它會幫我們自動把保留字或是內建函數換成不同的顏色，因此我們只要在建立名字的時候去看以下它是否有變色就知道有沒有不小心用到保留字或內建函數的名稱了！

```
# 保留字和內建函數都會變色
if
as
or
False
class
abs
all
list
dict
pass
continue

# 非內建函數則不會變色
apple
book
cat
abcdefg
```

▲ 圖 2-2 用顏色來判斷是否為保留字
（本書為黑白印刷，圖片無法呈現色彩效果，建議至 Github 上參考效果。）

## 練習時間：判斷名稱是否合法

接下來就讓我們練習看看你是否已經掌握命名的規則了呢：

| 題目 | 是否合法 | 解釋 |
|------|---------|------|
| my_variable | 合法 | 蛇形命名法（snake_case）[6] |
| my_variable_1_2_3_4 | 合法，但不建議 | 命名過長且不易讀 |
| if | 不合法 | 保留字不能作為命名 |
| MAX_SIZE | 合法 | 使用大寫表示常數[7]（非正式習慣用法） |
| my variable | 不合法 | 不可包含空格 |
| 123abc | 不合法 | 數字不能作為開頭 |
| is_valid | 合法 | 蛇形命名法（snake_case） |
| MyClass | 合法 | 駝峰命名法（Camel Case）[8] |
| a | 合法，但不建議 | 命名過於簡單、不具描述性 |
| user_input | 合法 | 蛇形命名法（snake_case） |
| def | 不合法 | 保留字不能作為命名 |

---

6　蛇形命名法（snake_case）是一種 Python 中主流的命名法，因為單詞之間的下劃線看起來像蛇的斜身而得名。蛇形命名法的變數名稱由小寫字母組成，單詞之間使用下劃線 _ 進行分隔，例如 is_valid。

7　常數是指在程式執行期間不會更改的變量，通常在程式中具有固定值。根據慣例，常數的名稱通常使用全大寫字母，並使用下劃線 _ 分隔，例如：MAX_SIZE。

8　駝峰命名法（Camel Case）在 Python 中比較少用到，通常在類別名或特殊情況才會使用。駝峰命名法的變數名稱的每個單詞首字母都使用大寫字母，並且單詞之間沒有使用分隔符號，其中由可以針對第一個單詞的字母是大寫或小寫再區分成大駝峰命名法或小駝峰命名法，例如 MyClass 或 myClass。

## 2.3.2 基本輸入輸出

前一小節我們學習了如何把變數寫在程式裡面，讓它可以被記錄到電腦當中。但若是每次執行程式需要計算不同的數值的時候都要重新修改程式難免會有些麻煩，所以這個小節我們將介紹兩個可以用來和你的程式互動的函數——用來輸出的 print 和用來輸入的 input。

### 使用 print 函數輸出資訊
..........................

print() 函數可以將我們提供的資訊輸出到螢幕上，可以透過將變數、字串、數字等作為參數傳遞給 print() 函數來輸出不同的資訊。

```
 1. # 輸出字串
 2. print("Hello, World!")
 3.
 4. # 輸出變數
 5. name = "John"
 6. print("Hello, " + name)
 7.
 8. # 輸出數字
 9. age = 25
10. print("Age:", age)
11.
12. # 輸出多個變數
13. country = "USA"
14. print("Name:", name, "Age:", age, "Country:", country)
```

輸出結果：

```
Hello, World!
Hello, John
Age: 25
Name: John Age: 25 Country: USA
```

## 使用 input 函數獲取輸入

當我們呼叫 input() 函數的時候，程式將暫停執行，並等待用戶輸入
資訊。

Enter your username: (按 'Enter' 鍵確認或按 'Esc' 鍵取消)

而用戶輸入的資訊將作為字串返回等待我們做進一步的處理。

```
1.  # 獲取用戶名
2.  username = input("Enter your username: ")
3.  print("Hello, " + username)
4.
5.  # 獲取年齡並轉換為整數
6.  age_str = input("Enter your age: ")
7.  age = int(age_str)
8.  print("You are", age, "years old.")
9.
10. # 獲取身高並轉換為浮點數
11. height_str = input("Enter your height in meters: ")
12. height = float(height_str)
13. print("Your height is", height, "meters.")
```

## 2.3.3 運算符號

在 Python 中，常用的運算符分為數學運算符和邏輯運算符兩種。

本節將會介紹這兩種運算符，以及運算順序和括號的使用方法。

## 數學運算符

Python 中的數學運算符用於對數值進行數學運算，例如加法、減法、乘法、除法等。以下是 Python 支持的數學運算符：

以下是增加範例和預期結果的數學運算符表格：

| 運算符 | 描述 | 範例 | 預期結果 |
|---|---|---|---|
| + | 加法 | 5 + 3 | 8 |
| - | 減法 | 5 - 3 | 2 |
| * | 乘法 | 5 * 3 | 15 |
| / | 除法 | 5 / 3 | 1.66667 |
| % | 取餘數 | 5 % 3 | 2 |
| ** | 次方 | 5 ** 3 | 125 |

以下是程式範例：

```
1. x = 5
2. y = 3
3.
4. print(x + y)   # 加法，輸出：8
5. print(x - y)   # 減法，輸出：2
6. print(x * y)   # 乘法，輸出：15
7. print(x / y)   # 除法，輸出：1.66667
8. print(x % y)   # 取餘數，輸出：2
9. print(x ** y)  # 次方，輸出：125
```

## 邏輯運算符

Python 中的邏輯運算符用於對布林值進行邏輯運算，例如且（and）、或（or）、非（not）等。

| 運算符 | 描述 | 範例 | 預期結果 |
|---|---|---|---|
| and | 且 | True and False | False |
| or | 或 | True or False | True |
| not | 非 | not True | False |

以下是程式範例：

```
1. # 布林值
2. a = True
3. b = False
4.
5. # 且
6. print(a and b)
7.
8. # 或
9. print(a or b)
10.
11. # 非
12. print(not a)
```

## 運算順序與括號

在 Python 中，運算順序由一系列優先級來定義，優先級高的運算符會先被進行計算。在撰寫程式時，我們有時候會需要進行各種數值計算和邏輯操作。了解學習 Python 中運算符的順序和優先級，可以確保我們的運算得到正確的結果。

算術運算符包括加、減、乘、除和取餘數，它們的優先順序與數學中相同。例如，先乘除後加減，如果有相同優先級的運算符，則按從左到右的順序進行運算。

```
result = 5 + 10 * 2 / 4          # 先算乘除，再算加減，答案為10.0
```

　　若需改變運算優先順序，可以使用括號。在括號中的運算會先進行
計算，然後再與其他運算符進行運算。

```
result = (5 + 10) * 2 / 4        # 先算括號中的加法，再算乘除，答案為7.5
```

　　最後，以下整理符號運算順序的表格提供給讀者參考：

| 運算符 | 描述 |
|---|---|
| ** | 次方 |
| +x, -x | 正號、負號 |
| *, /, % | 乘法、除法、取餘數 |
| +, - | 加法、減法 |
| <<, >> | 位元左移、位元右移 |
| & | 位元 AND |
| ^ | 位元 XOR |
| \| | 位元 OR |
| <, <=, >, >=, ==, != | 比較運算符 |
| is, is not, in, not in | 身份運算符、成員運算符 |
| not | 邏輯 NOT |
| and | 邏輯 AND |
| or | 邏輯 OR |
| := | 海象運算符（Python 3.8 以上） |

## 2.3.4 Python 資料型態

還記得我們在第一章談到的資料型態嗎？接下來讓我們實際在 Python 裡面熟悉它們吧。不過在正式進入到不同的資料型態之前，讓我們先介紹一個可以幫助我們分辨不同資料型態的工具吧——type()。

### type() 函數

type() 函數是一個內建的 Python 函數，用於返回給定對象的資料型態。它可以幫助我們確定一個變數或值的具體型態。對於我們檢查程式中的資料型態錯誤或進行條件判斷是非常有用的。

```
1. num = 10
2. print(type(num))  # 輸出：<class 'int'>
```

在上面的例子中，我們建立了一個變數 num，並將其設置為整數值 10。然後我們使用 type() 函數檢查 num 的資料型態，並將結果打印出來。結果顯示 num 的型態是 int（整數）。同理，其他的變數類型也是可以一樣藉由 type() 來判斷的哦。

```
1. num = 5.2
2. print(type(num))   # 輸出：<class 'float'>
3. name = "John"
4. print(type(name))  # 輸出：<class 'str'>
```

### 數值型態

Python 的數值型態包括整數（int）和浮點數（float）。這兩種型態分別用於表示沒有小數部分和有小數部分的數字。首先，讓我們看一下整數型態的範例：

```
1. # 整數型態
2. a = 10
3. b = 20
4. c = a + b
5. print(c) # 輸出 30
6. print(type(c)) # 輸出 <class 'int'>
7.
```

　　在這個範例中，我們建立了兩個整數變數 a 和 b，並將它們相加並賦值給變數 c。我們使用 print 函數輸出 c 的值，結果為 30。接著，我們使用 type 函數檢查 c 的型態，結果顯示 c 是 int（整數）型態。

　　接下來，我們來看浮點數型態的範例：

```
1. # 浮點數型態
2. a = 1.5
3. b = 2.5
4. c = a + b
5. print(c) # 輸出 4.0
6. print(type(c)) # 輸出 <class 'float'>
```

　　在這個範例中，我們建立了兩個浮點數變數 a 和 b，並將它們相加並賦值給變數 c。我們使用 print 函數輸出 c 的值，結果為 4.0。接著我們使用 type 函數檢查 c 的型態，結果顯示 c 是 float（浮點數）型態。

　　在 Python 中，有時候數值型態之間會自動進行轉換。例如，當我們對兩個整數進行除法時，結果可能是一個浮點數。以下是一個例子：

```
1. # 有些運算會自動轉換型態
2. a = 10
3. b = 3
4. c = a / b
5. print(c) # 輸出 3.3333333333333335 <- 你會發現這邊不是完美的 3.33...，這是因為浮
   點數的精度問題
6. print(type(c)) # 輸出 <class 'float'>
```

　　在這個例子中，我們將整數 a 除以整數 b，結果 Python 就自動幫我們把它轉變成浮點數了，而輸出的 3.3...35 也是因為浮點數誤差造成的。

　　除了讓 Python 替我們根據變數值建立不同的變數，我們也可以自己手動的將變數轉換成不同的型態，這邊讓我們來看一個使用 float() 將整數轉換成浮點數的例子：

```
1. # 整數也可以手動轉換成浮點數
2. a = 10
3. b = float(a)
4. print(b) # 輸出 10.0
5. print(type(b)) # 輸出 <class 'float'>
```

　　當然，我們也可以使用 int() 把浮點數轉換回整數，但是這個時候要注意原本浮點數的小數部分都會被舍去：

```
 1. # 浮點數轉換為整數（包含正負數）
 2. a = 3.7
 3. b = -4.9
 4.
 5. # 正數的舍去
 6. c = int(a)      # 舍去小數部分
 7. print(c)        # 輸出 3
 8. print(type(c)) # 輸出 <class 'int'>
 9.
10. # 負數的舍去
11. d = int(b)      # 舍去小數部分
12. print(d)        # 輸出 -4
13. print(type(d)) # 輸出 <class 'int'>
```

## 字串型態

　　字串是用來儲存文字的一種資料型態，我們可以分別用 1 個或 3 個引號對（單引號或雙引號都可以）來建立單行或是多行的字串：

```
1.  # 單行字串
2.  name = 'Alice'
3.  print(name)   # 輸出：Alice
4.  print(type(name))   # 輸出：<class 'str'>
5.
6.  # 多行字串
7.  message = '''
8.  這是一個多行字串的範例。
9.  它可以跨越多行，並保留換行符號。
10. '''
11. print(message)
```

在建立字串上，一般情況的單引號和雙引號都沒有差別，唯讀字串本身內容是包含某個引號的時候就要用另一個種類的引號當作外圍包住字串的引號。

```
1.  # 單引號與雙引號的差異
2.  quote_with_single = "He said, 'Hello!'"
3.  quote_with_double = 'She said, "Hi!"'
4.
5.  print(quote_with_single)
6.  print(quote_with_double)
```

對於字串形態，我們有許多不同的處理方式，例如使用加法將字串接在一起，或是用乘法將字串重複許多次：

```
1.  # 字串相加
2.  print("Hello" + " " + "world")
3.
4.  # 字串複製
5.  print("Ha" * 3)
6.
7.  # 字串長度
8.  print(len("Hello"))
```

在 python3.6 之後，我們可以使用一種叫做 f-string 的方法將變數結合在字串當作中，使用方法是：

- 在字串的前方加上一個 f。
- 在要取代成變數值的地方用 {} 將變數名稱放進去。
- 可以在變數名稱後用 : 來指定不同的格式，例如 .2f 就表示顯示到小數後 2 位。

```
1. temperature = 105
2. a = 1.234
3. b = " 蘋果 "
4.
5. print(f" 熱愛 {temperature} 度的你 ")  # 字串前面加 f，中間用 {} 包變數名稱
6. print(f"{a} 四捨五入後是 {a:.2f}")  # 可以指定格式
7. print(f" 這是一顆 {b}")  # {} 內不可以留空
8.
```

輸出：

```
熱愛 105 度的你
1.234 四捨五入後是 1.23
這是一顆蘋果
```

另外對於字串，我們也可以使用 replace() 來將其中某些部分進行取代：

```
1. # 用 replace() 來取代字串中的值
2. sentence = " 我喜歡吃水果 "
3. new_sentence = sentence.replace(" 水果 ", " 蔬菜 ")
4. print(new_sentence)  # 輸出：我喜歡吃蔬菜
```

## 列表 / 字典 / 集合 / 元組

列表（list）是一個有序的元素集合，可以包含不同類型的元素，在添加和取用的時候都是以元素的順序作為索引（從 0 開始數）。

```
 1. # 建立列表
 2. lst = [1, 2, 3, 'a', 'b', 'c']
 3.
 4. # 使用順序作為索引
 5. print(lst[0]) # 輸出：1
 6.
 7. # 常見操作
 8. lst.append(4)
 9. lst.remove('a')
10. lst.reverse()
```

字典（dict）則是一個無序的鍵值對（key-value pair）集合，每一筆資料都包含可以用來索引的 key 和其對應的 value，在同一個字典中所有的 key 值是不能重複的。

```
 1. # 建立字典
 2. dct = {'a': 1, 'b': 2, 'c': 3}
 3.
 4. # 使用 key 作為索引
 5. print(dct['a'])  # 輸出：1
 6.
 7. # 常見操作
 8. dct['d'] = 4 # 添加一個新的元素
 9. del dct['b'] # 刪除 key 為 b 的這個元素
```

集合（set）是一個無序且不重複的元素集合，可以想像成只有 key 的字典類型。

```
1. # 建立集合
2. st = {1, 2, 3, 4, 5}
3.
4. # 檢查元素是否存在
5. print(3 in st)  # 輸出：True
6.
7. # 常見操作
8. st.add(6)
9. st.remove(3)
```

其中最大的特色是重複的元素會被自動移除。

```
1. numbers = {1, 2, 3, 4, 5, 4, 3, 2} # 重複的元素會被自動移除
2. print(numbers) # 輸出 {1, 2, 3, 4, 5}
```

元組（tuple）是一個有序且不可變的元素集合，可以想像成不能隨意變化長度的 list。

```
1. # 建立元組
2. tup = (1, 2, 3, 'a', 'b', 'c')
3.
4. # 使用索引 ( 類似 list)
5. print(tup[0])  # 輸出：1
6.
7. # 無法改變長度，所以直接新增一個
8. tup2 = tup + (4, 5, 6)
```

# 2.4 流程與控制結構

上一章我們學習了 Python 的一些基礎操作，而接下來我們將會繼續介紹一些 Python 中同樣非常重要的一些操作，包含：條件控制（if, elif, else）、迴圈（for, while）、函數、套件與引用方法，累積後面進一步要針對各種資料所做的不同處理的能力。

## 2.4.1 條件控制

條件控制是程式設計中的基本概念，它允許我們根據不同的條件執行不同的程式區塊。

在 Python 中，我們使用 if、else 和 elif 語句來實現條件控制。

### if 語句的基本語法與範例

if 語句用於檢查條件是否成立，如果成立，則執行相應的程式區塊。基本語法如下：

```
if 條件:
    程式區塊
```

範例：

```
1. age = 18
2.
3. if age >= 18:
4.     print(" 你已經成年了 ")
```

在這個範例中，如果 age 大於等於 18，則會輸出 你已經成年了。讀者可以試著把 age 改成 18 以下，就會發現此時程式不會輸出任何東西。

## else 和 elif 語句的使用與範例

在前面的範例中我們使用 if 判斷了如果條件成立的時候要做什麼，那條件如果不成立的時候要做什麼呢？此時就可以使用 else 語句來達成，注意它必須要和 if 去做配合無法單獨使用。

在下面這個範例中，不論年齡是大於或是小於 18，我們的程式都是會輸出資訊的：

```
1. age = 16
2.
3. if age >= 18:
4.     print("你已經成年了。")
5. else:
6.     print("你還未成年。")
7.
```

然而，有些時候事情不是能用二分法就能判斷的，例如成績分數通常會有許多個不同的等第，此時就可以使用 elif（else if 的縮寫）語句則用於檢查多個條件，並在其中一個條件成立時執行相應的程式區塊。

```
1. score = 85
2.
3. if score >= 90:
4.     print("優秀")
5. elif score >= 80:
6.     print("良好")
7. else:
8.     print("加油")
```

## 嵌套 if 語句的應用與範例

再更進一步的情況,我們會需要在一個條件成立的情況下再檢查其他條件是否符合,這時可以使用多個嵌套的 if 語句來判斷:

```
1. age = 25
2. gender = "男"
3.
4. if age >= 18:
5.     if gender == "男":
6.         print("你是一位成年男性。")
7.     else:
8.         print("你是一位成年女性。")
9. else:
10.     if gender == "男":
11.         print("你是一位未成年男性。")
12.     else:
13.         print("你是一位未成年女性。")
```

在這個範例中,我們首先檢查 age 是否大於等於 18,然後根據 gender 的值輸出相應的訊息。

## 進階:三元運算符

Python 中的三元運算是一個比較進階的用法,它允許我們在一行程式碼中實現簡單的條件控制,基本語法如下:

```
結果 = 條件成立時的值 if 條件 else 條件不成立時的值
```

在這個範例中,如果 age 大於等於 18,result 的值將為 " 成年 ",否則為 " 未成年 "。

```
1. age = 18
2. result = "成年" if age >= 18 else "未成年"
3. print(result)
4.
```

## （進階）其他可以作為條件的物件

除了基本的布林值判斷式以外，Python 也支援一些其他的物件可以作為條件，例如：字串、列表……等，這個時候它就會用這個物件是否是空的來作為 True 或是 False。

```
1. string = "" # <- 試著修改字串
2. if string:
3.     print("這個字串不是空字串")
4. else:
5.     print("這個字串是空字串")
1. lst = [] # <- 試著修改列表
2. if lst:
3.     print("這個列表不是空列表")
4. else:
5.     print("這個列表是空列表")
```

## 2.4.2 迴圈

迴圈是程式設計中的另一個基本概念，它允許我們重複執行某個程式區塊。在 Python 中，我們使用 while 和 for 語句來實現迴圈。

### while 語句的基本語法與範例

while 語句用於在條件成立時重複執行相應的程式區塊。基本語法如下：

```
while 條件:
    程式區塊
```

範例:

```
1. # 使用 while 語法遍歷一個範圍內的數字
2. count = 0
3.
4. while count < 5:
5.     print("count =", count)
6.     count += 1
```

在這個範例中,只要 count 小於 5,程式就會輸出 "count =" 以及 count 的值,並將 count 的值加 1。

## for 語句與 range 函數

如果說 while 是偏向比較不固定長度的迴圈,那 for 使用的場景則比較偏向固定長度的迴圈,例如我們可以配合 range 函數執行指定次數的程式:

```
1. # 使用 range 函數,指定執行 3 次
2. for i in range(3):
3.     print(" 你好 ")
```

若需要的不是從 0 開始每次增加 1 的序列,則我們可以手動指定 range 函數的起始值、結束值、間隔值(注意,範圍是含頭不含尾的)。

```
1. # range 函數可以指定起始值、結束值、間隔值
2. for i in range(2,11,2):
3.     print(i)
```

除此之外，for 語句也可以用於遍歷一個序列（如列表、元組或字串），並對序列中的每個元素執行相應的程式區塊，其語法如下：

```
for 變數 in 序列：
    程式區塊
```

在這個範例中，我們遍歷 fruits 列表，並輸出其中的每個元素。

```
1. # 使用 for 迴圈遍歷一個列表
2. fruits = ["apple", "banana", "cherry"]
3.
4. for fruit in fruits:
5.     print("fruit =", fruit)
```

## 使用 break 與 continue 進行更靈活的控制

除了一開始就固定好長度或是條件的迴圈，我們也可以使用 break 或是 continue 進行更靈活的流程控制。

- break 語句用於跳出當前迴圈
- continue 語句用於跳過當前迴圈的剩餘程式區塊，並進行下一次迴圈。

```
1.  # 當 i 等於 5 時，break 語句將跳出迴圈
2.  for i in range(10):
3.      if i == 5:
4.          break
5.      print("i =", i)
6.
7.  # 當 i 為偶數時，continue 語句將跳過剩餘的程式區塊，並進行下一次迴圈
8.  for i in range(10):
9.      if i % 2 == 0:
10.         continue
11.     print("odd number =", i) # i 為偶數的時候不會執行到
```

## 進階：推導表達式

推導表達式（Comprehensions）也是 Python 中的一個進階語法，它允許我們在一行程式碼中生成列表、字典或集合。

範例：

```
1.  # 使用推導表達式建立一個列表
2.  squares = [x * x for x in range(5)]
3.  print(squares)
4.
5.  # 配合 if 語法，使用推導表達式建立一個列表
6.  odd_squares = [x * x for x in range(10) if x % 2 != 0]
7.  print(odd_squares)
8.
9.  # 字典格式也可以使用推導表達式建立
10. word_lengths = {word: len(word) for word in ["apple", "banana",
    "cherry"]}
11. print(word_lengths)
```

# 2.4.3 函數

函數是程式設計中用於封裝特定功能的程式區塊。在 Python 中，我們使用 def 關鍵字來定義函數。函數可以接受參數並返回值，這使得函數更具靈活性和可重用性。

## 函數基本語法與範例

定義函數的基本語法如下：

```
def 函數名稱 (參數列表):
    程式區塊
    return 返回值
```

範例：

```
1. def greet(name):
2.     return f"Hello, {name}!"
3.
4. print(greet("Alice"))
```

在這個範例中，我們定義了一個名為 greet 的函數，它接受一個名為 name 的參數，並返回一個包含 name 的歡迎訊息。

## 函數的參數傳遞與回傳值

函數可以接受多個參數，並根據這些參數執行相應的操作。函數可以返回值，以便在其他地方使用。

```
1. def add(a, b):
2.     return a + b
3.
4. result = add(3, 5)
5. print(result)
```

在這個範例中，我們定義了一個名為 add 的函數，它接受兩個參數 a 和 b，並返回它們的和。然後，我們將 add(3, 5) 的返回值賦給變數 result，並輸出結果。

## 區域變數與全域變數

在函數內部定義的變數稱為區域變數，它們只在函數內部有效。在函數外部定義的變數稱為全域變數，它們在整個程式中都有效。

```
1. def func():
2.     local_var = "我是區域變數"
```

```
3.     print(local_var)
4.
5. global_var = " 我是全域變數 "
6. func()
7. print(global_var)
```

在這個範例中，local_var 是一個區域變數，只能在 func 函數內部使用。global_var 是一個全域變數，可以在整個程式中使用。

再給一個例子，這個例子中區域變數和全域變數使用了相同的名稱，你能區分出來誰是區域變數，誰又是全域變數呢？以及試著推測看看這個程式會輸出什麼吧。

```
1. x = 5 # <- 全域變數
2.
3. def multiply_by_two():
4.     x = 2 # <- 局部變數
5.     print(x * 2) # <- 這裡的 x 是局部變數
6.
7. multiply_by_two()
8. print(x) # <- 這裡的 x 是全域變數
```

## 進階：匿名函數（lambda）

Python 中的匿名函數（也稱為 lambda 函數）是一種簡單的、只有一行程式碼的函數。它們通常用於需要簡單函數的地方，例如排序或過濾列表。

匿名函數的基本語法如下：

```
lambda 參數列表： 表達式
```

範例：

```
1. square = lambda x: x * x
2. print(square(5))
3.
4. numbers = [1, 2, 3, 4, 5]
5. squares = list(map(lambda x: x * x, numbers))
6. print(squares)
```

在這個範例中，我們使用 lambda 函數定義了一個計算平方的函數，並將其賦值給變數 square。然後，我們使用 map 函數和 lambda 函數將列表 numbers 中的每個元素平方，並將結果轉換為列表。

## 2.4.4 套件與引用

在 Python 中，我們可以使用套件（也稱為模組）來組織和重用程式碼。套件是包含 Python 程式碼的檔案，通常具有相關功能，我們可以使用 import 關鍵字來引用套件中的功能。

### 引用套件的基本語法與範例

以下是引用套件的基本語法：

```
import 套件名稱
```

範例：

```
1. import math
2.
3. print(math.sqrt(16))  # 輸出 4.0
```

在這個範例中,我們引用了 math 套件,並使用其中的 sqrt 函數來計算 16 的平方根。

## import 與 from...import 的差異

除了使用 import 關鍵字引用整個套件外,我們還可以使用 from...import 語法僅引用套件中的特定函數。

範例:

```
1. from math import sqrt
2.
3. print(sqrt(16))   # 輸出 4.0,因為 16 的平方根是 4
```

在這個範例中,我們僅引用了 math 套件中的 sqrt 函數,而不是整個套件,這樣可以減少程式碼的長度,並提高可讀性。

## 自定義套件與模組的導入與使用

除了使用內建的套件和第三方套件外,我們還可以自己建立套件。要建立一個自定義套件,只需將相關的 Python 程式碼保存在一個檔案中,然後在其他程式中引用它。

假設我們有一個名為 my_module.py 的檔案,其中包含以下程式碼:

```
1. def hello(name):
2.     return f"Hello, {name}!"
```

我們可以在另一個程式中引用 my_module 並使用其中的 hello 函數,如下所示:

```
1. import my_module
2.
3. print(my_module.hello("John"))  # 輸出 "Hello, John!"
```

## 常用內建模組介紹

Python 提供了許多內建模組，以下是一些常用的模組：

- math：提供數學函數和常數，例如 sqrt（平方根）、sin（正弦）和 pi（圓周率）。

- random：提供隨機數生成函數，例如 randint（生成隨機整數）、uniform（生成隨機浮點數）和 choice（從列表中選擇隨機元素）。

- os：提供操作系統相關功能，例如 listdir（列出目錄中的檔案）、mkdir（建立目錄）和 remove（刪除檔案）。

- sys：提供與 Python 直譯器和環境相關的功能，例如 argv（命令列參數）、exit（退出程式）和 version（Python 版本）。

- datetime：提供日期和時間處理功能，例如 date（日期）、time（時間）和 datetime（日期和時間）類別，以及相關函數。

要使用這些模組，只需使用 import 或 from...import 語法將它們引入到程式中即可。

CHAPTER

# 03

# 基本數值資料處理

# ▶ **3.1 numpy**

## 3.1.1 簡介

### NumPy 是什麼

NumPy（全稱為 Numerical Python）是一個在科學計算中很重要的套件，NumPy 中提供了一個高效率的多維陣列物件—— ndarray，以及各種圍繞著這個物件所設計的數學操作和統計函數。ndarray 是一個具有固定大小的同類型陣列，可以包含整數、浮點數和複數等數據類型。NumPy 提供了許多方式來建立和操作 ndarray（包括索引、切片、數學運算、統計運算、線性代數運算……等等）以及支援向量化運算——可以讓使用者在不使用 Python 迴圈就能對整個陣列進行運算（在操作大量資料的時候，NumPy 的向量運算遠比 Python 迴圈快）。

### NumPy 的優點

在前面的章節我們有介紹過 python 內建的 list 結構也能用來儲存一連串的資料，然而內建的結構雖然不用依靠套件，但 NumPy 還是提供了許多不同的優勢，包含：

- **效率高**：NumPy 的底層是使用 C 語言編寫的，它的運算速度遠超過純 Python，可以充分利用電腦硬體的向量化指令和內存管理優化，特別適合大量數據的計算和處理。

- **易於使用**：NumPy 提供了簡單且一致的 API，使得使用者能夠輕鬆的建立多維陣列對象，並進行各種不同的高效運算。

- **數學運算**：NumPy 提供了豐富的數學和統計運算函數，包括加減乘除、平均值、標準差等，以及線性代數運算、傅里葉變換、隨機數生成等。

- **資料處理**：NumPy 可以快速讀寫各種格式的數據文件，並且可以使用遮罩（mask）對數據進行選取和過濾，進一步方便了數據處理的流程。

- **應用廣泛**：NumPy 是許多 Python 科學計算和機器學習庫的基礎，例如 SciPy、Pandas 和 Scikit-learn 等。

因此 NumPy 被廣泛的運用在各種科學計算、機器學習、影像處理等領域，也是在資料分析領域中入門必學的工具。

## 3.1.2 NumPy 陣列基礎

在這一小節中，我們將學習如何建立陣列、查看陣列的形狀與維度，以及如何使用索引和切片選取數據。

### ndarray 陣列資料型別

ndarray（n-dimensional array）是 NumPy 中的一個多維陣列類型，可以儲存多個元素。與 list 不同的是，ndarray 只能容納同一類型的元素，並且每個元素在內存中都有相同大小的空間。

```
1. import numpy as np
2.
3. # 建立一個一維陣列
4. arr = np.array([1, 2, 3, 4, 5])
5.
6. print("Shape:", arr.shape)  # 輸出：(5,)
```

```
7. print("Data type:", arr.dtype)  # 輸出：int64
8. print("Number of dimensions:", arr.ndim)  # 輸出：1
9. print("Size:", arr.size)  # 輸出：5
```

以下是 ndarray 中的一些重要屬性：

- shape：陣列的形狀，表示每個維度的大小。
- dtype：陣列中元素的資料型別。
- ndim：陣列的維度數量。
- size：陣列中元素的總數量。

## 建立 NumPy 陣列

NumPy 提供了多種方法來建立陣列：

- np.array()：從現有數據（如列表或元組）建立陣列。
- np.zeros()：建立指定大小的陣列，陣列元素以 0 填充。
- np.ones()：建立指定大小的陣列，陣列元素以 1 填充。
- np.full()：建立指定大小的陣列，陣列元素以指定數值填充。
- np.arange()：建立等差陣列，指定起始值、終止值和間隔值。
- np.linspace()：建立等差陣列，指定起始值、終止值和元素個數。
- np.logspace()：建立等比陣列，指定起始值、終止值和元素個數。

---

🔒 常見問題：

**Q**：np.arange() 和 np.linspace() 有什麼不同？

**A**：前者是指定元素的間隔，元素個數是計算而來的；而後者是指定元素的個數，元素間隔是計算而來的。

```
1.  # 從列表建立陣列
2.  arr_from_list = np.array([1, 2, 3, 4, 5])
3.  print("Array from list:", arr_from_list)
4.
5.  # 建立全 0 陣列
6.  arr_zeros = np.zeros(5)
7.  print("Array of zeros:", arr_zeros)
8.
9.  # 建立全 1 陣列
10. arr_ones = np.ones(5)
11. print("Array of ones:", arr_ones)
12.
13. # 建立等差數列陣列
14. arr_arange = np.arange(0, 10, 2)
15. print("Array with arange:", arr_arange)
16.
17. # 建立等分數列陣列
18. arr_linspace = np.linspace(0, 1, 5)
19. print("Array with linspace:", arr_linspace)
```

執行結果：

```
Array from list:
[1 2 3 4 5]
Array of zeros:
[0. 0. 0. 0. 0.]
Array of ones:
[1. 1. 1. 1. 1.]
Array of full:
[[5 5 5]
 [5 5 5]]
Array with arange:
[0 2 4 6 8]
Array with linspace:
[0.   0.25 0.5  0.75 1.  ]
Array with logspace:
[   10.   100.  1000. 10000.]
```

## NumPy 陣列的形狀和維度

NumPy 陣列可以是任意維度的。以下是一些常見的多維陣列：

```
1. # 二維陣列
2. arr_2d = np.array([[1, 2, 3], [4, 5, 6], [7, 8, 9]])
3. print("2D array:\n", arr_2d)
4.
5. # 三維陣列
6. arr_3d = np.array([[[1, 2], [3, 4]], [[5, 6], [7, 8]]])
7. print("3D array:\n", arr_3d)
```

執行結果：

```
                                        3D array:
                                         [[[1 2]
                         2D array:         [3 4]]
                          [[1 2 3]
                          [4 5 6]         [[5 6]
                          [7 8 9]]         [7 8]]]
```

要查看陣列的形狀和維度，可以使用 shape 和 ndim 屬性：

```
1. print("Shape of 2D array:", arr_2d.shape)   # 輸出：(3, 3)
2. print("Shape of 3D array:", arr_3d.shape)   # 輸出：(2, 2, 2)
3.
4. print("Number of dimensions of 2D array:", arr_2d.ndim)   # 輸出：2
5. print("Number of dimensions of 3D array:", arr_3d.ndim)   # 輸出：3
```

## 索引和切片選取數據

NumPy 陣列支持使用索引和切片來選取數據。對於一維陣列，這與 Python 列表的操作相同。對於多維陣列，可以使用逗號分隔的索引元組來選取數據：

```
1.  # 一維陣列的索引和切片
2.  arr = np.array([1, 2, 3, 4, 5])
3.  print("Element at index 2:", arr[2])  # 輸出：3
4.  print("Slice from index 1 to 3:", arr[1:4])  # 輸出：[2 3 4]
5.
6.  # 二維陣列的索引和切片
7.  arr_2d = np.array([[1, 2, 3], [4, 5, 6], [7, 8, 9]])
8.  print("Element at (1, 2):", arr_2d[1, 2])  # 輸出：6
9.  print("Slice of first row:", arr_2d[0, :])  # 輸出：[1 2 3]
10. print("Slice of first column:", arr_2d[:, 0])  # 輸出：[1 4 7]
```

在這一節中，我們學習了 NumPy 陣列的基本概念。在接下來的章節中，我們將學習如何使用 NumPy 進行各種數學運算。

# 3.1.3 基本運算

在這一節中，我們將介紹如何使用 NumPy 進行基本的數學運算，包括四則運算、統計運算、數學函數運算以及陣列的排序和搜索。

## 四則運算

對於 NumPy 陣列的四則運算（加、減、乘、除），這些運算都是對陣列中的每個元素進行的。

```
1.  import numpy as np
2.
3.  # 建立兩個陣列
4.  arr1 = np.array([1, 2, 3])
5.  arr2 = np.array([4, 5, 6])
6.
7.  # 加法
8.  print("arr1 + arr2:", arr1 + arr2)
9.
```

```
10. # 減法
11. print("arr1 - arr2:", arr1 - arr2)
12.
13. # 乘法
14. print("arr1 * arr2:", arr1 * arr2)
15.
16. # 除法
17. print("arr1 / arr2:", arr1 / arr2)
```

執行結果：

```
arr1 + arr2: [5 7 9]
arr1 - arr2: [-3 -3 -3]
arr1 * arr2: [ 4 10 18]
arr1 / arr2: [0.25 0.4  0.5 ]
```

## 統計運算

　　NumPy 提供了一些內置函數，用於對陣列進行統計運算，如求和、平均值、標準差等。

```
 1. import numpy as np
 2.
 3. arr = np.array([1, 2, 3, 4, 5])
 4.
 5. # 求和
 6. print("Sum:", np.sum(arr))
 7.
 8. # 平均值
 9. print("Mean:", np.mean(arr))
10.
11. # 標準差
12. print("Standard deviation:", np.std(arr))
13.
14. # 最大值和最小值
15. print("Max:", np.max(arr))
16. print("Min:", np.min(arr))
```

執行結果：

```
Sum: 15
Mean: 3.0
Standard deviation: 1.4142135623730951
Max: 5
Min: 1
```

## 數學函數運算

NumPy 提供了許多數學函數，如三角函數、指數函數、對數函數等。這些函數也是元素級別的，可以對陣列中的每個元素進行運算。

```
 1. import numpy as np
 2.
 3. arr = np.array([1, 2, 3, 4, 5])
 4.
 5. # 指數函數
 6. print("Exponential:", np.exp(arr))
 7.
 8. # 對數函數
 9. print("Natural logarithm:", np.log(arr))
10. print("Base-10 logarithm:", np.log10(arr))
11.
12. # 三角函數
13. print("Sine:", np.sin(arr))
14. print("Cosine:", np.cos(arr))
```

執行結果：

```
Exponential: [  2.71828183   7.3890561   20.08553692  54.59815003 148.4131591 ]
Natural logarithm: [0.          0.69314718 1.09861229 1.38629436 1.60943791]
Base-10 logarithm: [0.          0.30103     0.47712125 0.60205999 0.69897    ]
Sine: [ 0.84147098  0.90929743  0.14112001 -0.7568025  -0.95892427]
Cosine: [ 0.54030231 -0.41614684 -0.9899925  -0.65364362  0.28366219]
```

## 陣列的排序和搜尋

NumPy 提供了對陣列進行排序和搜尋的函數。

```
 1. import numpy as np
 2.
 3. arr = np.array([5, 3, 1, 4, 2])
 4.
 5. # 排序
 6. sorted_arr = np.sort(arr)
 7. print("Sorted array:", sorted_arr)
 8.
 9. # 搜索最大值和最小值的索引
10. max_index = np.argmax(arr)
11. min_index = np.argmin(arr)
12. print("Index of max value:", max_index)
13. print("Index of min value:", min_index)
```

執行結果：

```
Sorted array: [1 2 3 4 5]
Index of max value: 0
Index of min value: 2
```

## 3.1.4 線性代數運算

在這一節中，我們將介紹如何使用 NumPy 進行矩陣乘法和求解方程組。

## 矩陣乘法

NumPy 提供了 np.dot() 和 np.matmul() 函數來實現矩陣乘法。這兩個函數的主要區別在於對於高維陣列的處理方式。在大多數情況下，它們的結果是相同的。

```
1. import numpy as np
2.
3. # 建立兩個二維陣列 ( 矩陣 )
4. A = np.array([[1, 2], [3, 4]])
5. B = np.array([[5, 6], [7, 8]])
6.
7. # 使用 np.dot() 進行矩陣乘法
8. result_dot = np.dot(A, B)
9. print("Result using np.dot():\\n", result_dot)
13.
14. # 使用 np.matmul() 進行矩陣乘法
15. result_matmul = np.matmul(A, B)
16. print("Result using np.matmul():\\n", result_matmul)
```

執行結果：

```
Result using np.dot():
 [[19 22]
 [43 50]]
Result using np.matmul():
 [[19 22]
 [43 50]]
```

## 求解方程組

　　NumPy 提供了 np.linalg.solve() 函數來求解線性方程組。給定一個線性方程組 Ax = b，其中 A 是係數矩陣，x 是未知數向量，b 是常數向量，我們可以使用 np.linalg.solve() 來求解 x。

```
1. import numpy as np
2.
3. # 建立係數矩陣 A 和常數向量 b
4. A = np.array([[3, 1], [1, 2]])
5. b = np.array([9, 8])
6.
7. # 使用 np.linalg.solve() 求解方程組
```

```
8. x = np.linalg.solve(A, b)
9. print("Solution:", x)  # 輸出:[2. 3.]
```

這意味著方程組的解為 x = 2 和 y = 3。

## 3.1.5 廣播機制

在這一節中，我們將介紹 NumPy 的廣播機制。廣播機制允許我們在不同形狀的陣列之間進行運算，從而簡化了很多運算過程。

### 介紹廣播概念

廣播機制是指在進行陣列運算時，NumPy 會自動將不同形狀的陣列擴展到相同的形狀，使得它們可以進行元素級別的運算。廣播的規則如下：

1. 如果兩個陣列的維度不同，則在維度較小的陣列的形狀前面補 1，直到兩個陣列的維度相同。
2. 如果兩個陣列在某個維度上的大小相同，或者其中一個陣列在該維度上的大小為 1，則稱它們在該維度上是兼容的。
3. 如果兩個陣列在所有維度上都是兼容的，則它們可以進行廣播運算。
4. 廣播運算的結果陣列的形狀是兩個輸入陣列的形狀在每個維度上的最大值。

### 使用廣播機制對不同形狀的陣列進行運算

以下是一個使用廣播機制對不同形狀的陣列進行運算的範例：

```
1. import numpy as np
2.
```

```
 3. # 建立兩個不同形狀的陣列
 4. arr1 = np.array([[1, 2, 3], [4, 5, 6], [7, 8, 9]])
 5. arr2 = np.array([1, 0, 1])
 6. # 查看兩個陣列的形狀
 7. print("Shape of arr1:", arr1.shape)
 8. print("Shape of arr2:", arr2.shape)
 9. # 使用廣播機制進行加法運算
10. result = arr1 + arr2
11. print("Result of broadcasting addition:\\n", result)
```

執行結果：

```
Shape of arr1: (3, 3)
Shape of arr2: (3,)
Result of broadcasting addition:
 [[ 2  2  4]
 [ 5  5  7]
 [ 8  8 10]]
```

在這個例子中，arr1 的形狀為（3, 3），arr2 的形狀為（3,）。根據廣播規則，arr2 的形狀會被擴展為（1, 3），然後在第 0 維度上進行擴展，使其形狀變為（3, 3）。最後，兩個形狀相同的陣列可以進行元素級別的加法運算，輸出形狀為（3, 3）的結果。

# 3.1.6 向量化函數操作

在這一節中，我們將介紹向量化函數操作的概念以及如何對整個陣列進行運算。

## 了解向量化函數操作的概念

向量化函數操作是指將函數應用於數陣列的每個元素，而無需使用迴圈。這樣可以提高運算速度並簡化程式碼。NumPy 提供了許多內置的向量化函數，如 np.sin、np.cos 等，也允許我們將自定義函數向量化。

## 學習如何對整個陣列進行運算

以下是一些使用內置向量化函數的範例：

```
 1. import numpy as np
 2.
 3. # 建立一個形狀為 (3, 3) 的陣列
 4. arr = np.array([[1, 2, 3],
 5.                 [4, 5, 6],
 6.                 [7, 8, 9]])
 7.
 8. # 使用內置向量化函數對陣列進行運算
 9. sin_arr = np.sin(arr)
10. print("Sine of array:\n", sin_arr)
11.
12. cos_arr = np.cos(arr)
13. print("Cosine of array:\n", cos_arr)
14.
15. exp_arr = np.exp(arr)
16. print("Exponential of array:\n", exp_arr)
```

執行結果：

```
Sine of array:
 [[ 0.84147098  0.90929743  0.14112001]
 [-0.7568025  -0.95892427 -0.2794155 ]
 [ 0.6569866   0.98935825  0.41211849]]
Cosine of array:
 [[ 0.54030231 -0.41614684 -0.9899925 ]
 [-0.65364362  0.28366219  0.96017029]
 [ 0.75390225 -0.14550003 -0.91113026]]
Exponential of array:
 [[2.71828183e+00 7.38905610e+00 2.00855369e+01]
 [5.45981500e+01 1.48413159e+02 4.03428793e+02]
 [1.09663316e+03 2.98095799e+03 8.10308393e+03]]
```

以下是如何將自定義函數向量化的範例：

```
1.  import numpy as np
2.
3.  # 自定義函數
4.  def square(x):
5.      return x ** 2
6.
7.  # 建立一個形狀為 (3, 3) 的陣列
8.  arr = np.array([[1, 2, 3],
9.                  [4, 5, 6],
10.                 [7, 8, 9]])
11.
12. # 將自定義函數向量化
13. vectorized_square = np.vectorize(square)
14.
15. # 應用向量化函數到陣列
16. squared_arr = vectorized_square(arr)
17. print("Squared array:\n", squared_arr)
```

執行結果：

```
Squared array:
[[ 1  4  9]
 [16 25 36]
 [49 64 81]]
```

透過使用向量化函數操作，我們可以更高效地對整個陣列進行運算，並使程式更簡潔。

# 3.2 pandas

## 3.2.1 Pandas 簡介

### Pandas 是什麼

Pandas（全名為 Panel Data Analysis）是一個用於資料處理和分析的 Python 套件，它提供了兩個主要的資料結構：Series 和 DataFrame。Series 是一個一維的標籤化陣列，可以包含任何資料類型（整數、浮點數、字串、物件等），而 DataFrame 則是一個二維的標籤化資料結構，類似於 Excel 表格或 SQL 資料表。Pandas 提供了許多功能來操作這些資料結構，如**索引**、**選擇**、**排序**、**合併**、**分組**、**統計**等，並且支援將資料輸出為各種格式（如 CSV、Excel、JSON 等）。

### Pandas 的優點

Pandas 和 Numpy 都是 Python 中非常重要的數據分析工具，雖然 NumPy 在科學計算和數據處理方面具有很高的效率，但 Pandas 在某些方面提供了更多的便利性和功能：

- **更高的抽象層次**：Numpy 主要提供了 ndarray（n 維陣列）這一種數據結構，適合處理**同質性數據**（即數據類型相同）；而 Pandas 則提供了 Series 和 DataFrame 兩種數據結構，可以方便地處理**異質性數據**（即數據類型不同）。

- **自動對齊**：Pandas 在進行資料操作時，會自動對齊標籤，這意味著在合併或計算不同資料結構時，**無需手動對齊資料**，Pandas 會自動處理。

- 更豐富的資料操作：Pandas 提供了更多針對資料操作的功能，如選擇、過濾、排序、分組、合併等，這些功能使得資料分析和處理更加靈活和方便。

- 處理缺失值：Pandas 提供了許多方便的方法來**處理缺失值**（如 NaN），包括填充、刪除和插值等，也因此非常適合用在資料清理。

- 資料讀寫：Numpy 主要針對**數值計算**和**線性代數**等方面提供了豐富的功能；而 Pandas 則專注於**數據的讀取、清理、選擇和操作**等方面，可以方便地讀取和寫入各種格式的資料文件，如 CSV、Excel、JSON 等，這使得資料交換和整合變得更加容易。

- 時間序列分析：Pandas 具有強大的**時間序列分析**功能，可以方便地處理日期和時間資料，並進行各種時間序列操作和分析。

## 3.2.2 Pandas 數據結構

Pandas 提供了兩種主要的數據結構：Series 和 DataFrame，在這個章節將會依序介紹它們。

### Series 數據結構

Series 是一種**一維的數據結構**，類似於 Python 的列表（list）或 Numpy 的一維數陣列（ndarray），Series 具有索引（index）和值（values）兩個主要部分，可以用於存儲異質性的數據。

### 建立 Series

要建立一個 Series，我們可以使用 pd.Series() 函數，傳入一個列表、元組或 Numpy 陣列作為數據：

```
1. # 建立一個包含五個整數的 Series
2. # 左邊的 0-4 是索引，右邊的 1-5 是值。
3. import pandas as pd
4.
5. data = [1, 2, 3, 4, 5]
6. s = pd.Series(data)
7. s
```

執行結果：

```
0    1
1    2
2    3
3    4
4    5
dtype: int64
```

## Series 數據的索引

我們可以使用索引來選擇 Series 中的數據：

```
1. print(s[0])    # 輸出 1
2. print(s[1:4])  # 輸出 1-3 的值
```

執行結果：

```
1
1    2
2    3
3    4
dtype: int64
```

或是使用布林遮罩（boolean mask）來選擇滿足特定條件的數據。例如：

```
1. mask = s > 2     # 建立一個布林遮罩
2. print(s[mask])  # 輸出大於 2 的值
```

## Series 操作方法

Pandas 提供了許多方便的方法來操作 Series：

```
1. # 計算 Series 的基本統計資訊
2. print(s.describe(), '\n')
3.
4. # 計算 Series 的和
5. print(s.sum(), '\n')
6.
7. # 將 Series 中的數據乘以 2
8. print(s * 2)
```

執行結果：

```
2    3
3    4
4    5
dtype: int64
```

## DataFrame 數據結構

DataFrame 是一種二維的數據結構，類似於 Excel 表格，它具有列索引（index）和欄索引（columns），可以用於存儲異質性數據。

### 建立 DataFrame

要建立一個 DataFrame，我們可以使用 pd.DataFrame() 函數，傳入一個二維陣列、列表或字典作為數據：

```
1. import pandas as pd
2.
3. data = {
4.     'Name': ['Alice', 'Bob', 'Cathy'],
```

```
 5.     'Age': [25, 30, 35],
 6.     'City': ['New York', 'San Francisco', 'Los Angeles']
 7. } # 建立一個字典
 8.
 9. df = pd.DataFrame(data)
10. df
```

執行結果：

|   | Name | Age | City |
|---|------|-----|------|
| 0 | Alice | 25 | New York |
| 1 | Bob | 30 | San Francisco |
| 2 | Cathy | 35 | Los Angeles |

## DataFrame 的索引

我們可以使用欄位索引來選擇 DataFrame 中的數據。例如：

```
1. df['Name']  # 輸出 Name 欄位
```

執行結果：

```
0    Alice
1      Bob
2    Cathy
Name: Name, dtype: object
```

我們還可以使用 loc 和 iloc 方法來選擇特定的列和欄位：

```
1. print(df.loc[0])        # 輸出第一列（從 0 開始數）
2. print("---")
3. print(df.iloc[0, 1])    # 輸出第一列第二行（即 Age 欄位）的值
```

執行結果：

```
Name        Alice
Age            25
City     New York
Name: 0, dtype: object
---
25
```

## DataFrame 操作方法

Pandas 提供了許多方便的方法來操作 DataFrame。例如：

```
1. # 計算 DataFrame 的基本統計資訊
2. print(df.describe())
3.
4. # 計算 Age 列的平均值
5. print(df['Age'].mean())
6.
7. # 將 DataFrame 按照 Age 列進行排序
8. df.sort_values(by='Age')
```

執行結果：

```
            Age
count    3.0
mean    30.0
std      5.0
min     25.0
25%     27.5
50%     30.0
75%     32.5
max     35.0
30.0
```

|   | Name | Age | City |
|---|------|-----|------|
| 0 | Alice | 25 | New York |
| 1 | Bob | 30 | San Francisco |
| 2 | Cathy | 35 | Los Angeles |

接下來，我們將繼續學習如何使用 Pandas 進行數據讀取和清理。

## 3.2.3 Pandas 數據讀取與清理

在進行數據分析之前，我們通常需要先讀取數據並對其進行清理，本節將介紹如何使用 Pandas 讀取不同格式的數據，以及如何進行基本的數據清理操作。

### 數據讀取

Pandas 支持多種數據格式的讀取，如 CSV、Excel 等，我們可以分別使用 read_csv() 或是 read_excel() 函數進行讀取：

```
1. import pandas as pd
2.
3. # 讀取 CSV 文件
4. data = pd.read_csv('data.csv')
5.
6. # 顯示前五筆數據
7. data.head()
```

```
1. import pandas as pd
2.
3. # 讀取 Excel 文件
4. data = pd.read_excel('data.xlsx') # 可能需要安裝 openpyxl 模組
5.
6. # 顯示前 3 筆數據
7. data.head(3)
```

## 數據清理
· · · · · · · · ·

原始數據可能存在諸如缺失值、重複值等問題，我們可以使用 Pandas 對這些問題進行處理。

### 處理缺失值

缺失值是指數據中的某些元素不存在或無法獲取，我們可以使用 dropna() 和 fillna() 來處理缺失值：

```python
 1. import pandas as pd
 2.
 3. # 假設我們有以下 DataFrame
 4. data = pd.DataFrame({'A': [1, 2, None, 4],
 5.                       'B': [None, 2, 3, 4],
 6.                       'C': [1, 2, 3, 4]})
 7. print(f" 原始數據：\n{data},\n---")
 8.
 9. # 方法 1：刪除包含缺失值的列
10. data_dropna = data.dropna()
11. print(f" 刪除包含缺失值的列：\n{data_dropna},\n---")
12.
13. # 方法 2：用指定值填充缺失值
14. data_fillna = data.fillna(0)
15. print(f" 用指定值填充缺失值：\n{data_fillna},\n---")
16.
17. # 方法 3：用前一個值填充缺失值
18. data_fillna_ffill = data.fillna(method='ffill')
19. print(f" 用前一個值填充缺失值：\n{data_fillna_ffill},\n---")
20.
21. # 方法 4：用後一個值填充缺失值
22. data_fillna_bfill = data.fillna(method='bfill')
23. print(f" 用後一個值填充缺失值：\n{data_fillna_bfill},\n---")
```

執行結果：

原始數據：
```
     A    B   C
0  1.0  NaN   1
1  2.0  2.0   2
2  NaN  3.0   3
3  4.0  4.0   4,
```

刪除包含缺失值的列：
```
     A    B   C
1  2.0  2.0   2
3  4.0  4.0   4,
```

用指定值填充缺失值：
```
     A    B   C
0  1.0  0.0   1
1  2.0  2.0   2
2  0.0  3.0   3
3  4.0  4.0   4,
```

用前一個值填充缺失值：
```
     A    B   C
0  1.0  NaN   1
1  2.0  2.0   2
2  2.0  3.0   3
3  4.0  4.0   4,
```

用後一個值填充缺失值：
```
     A    B   C
0  1.0  2.0   1
1  2.0  2.0   2
2  4.0  3.0   3
3  4.0  4.0   4,
```

## 處理重複值

重複值是指數據中存在多個相同的元素，Pandas 提供了 drop_duplicates() 函數來刪除重複值：

```
1.  import pandas as pd
2.
3.  # 假設我們有以下 DataFrame
4.  data = pd.DataFrame({'A': [1, 2, 2, 4, 4],
5.                       'B': [1, 2, 3, 4, 4],
6.                       'C': [1, 2, 3, 4, 4]})
7.  print(f"原始數據：\n{data},\n---")
8.
9.  # 刪除重複值
10. data_drop_duplicates = data.drop_duplicates()
11. print(f"刪除重複值：\n{data_drop_duplicates},\n---")
```

執行結果：

```
原始數據：              刪除重複值：
   A  B  C                 A  B  C
0  1  1  1              0  1  1  1
1  2  2  2              1  2  2  2
2  2  3  3              2  2  3  3
3  4  4  4              3  4  4  4,
4  4  4  4,             ---
```

## 合併與重塑

有些時候我們可能需要將多個數據集合併或重塑，這個時候可以使用 Pandas 提供的 concat()、merge() 等函數來實現：

```
1. import pandas as pd
2.
3. # 假設我們有以下兩個 DataFrame
4. data1 = pd.DataFrame({'A': [1, 2, 3],
5.                        'B': [4, 5, 6]})
6. data2 = pd.DataFrame({'A': [1, 8, 9],
7.                        'B': [10, 11, 12]})
8.
9. # 使用 concat() 函數合併兩個 DataFrame
10. data_concat = pd.concat([data1, data2], ignore_index=True)
11.
12. # 使用 merge() 函數根據指定列合併兩個 DataFrame
13. data_merge = pd.merge(data1, data2, on='A')
```

執行結果：

原始數據1：
```
   A  B
0  1  4
1  2  5
2  3  6,
---
```
原始數據2：
```
   A  B
0  1  10
1  8  11
2  9  12,
---
```

用concat合併後的數據：
```
   A  B
0  1  4
1  2  5
2  3  6
3  1  10
4  8  11
5  9  12,
---
```
用merge合併後的數據：
```
   A  B_x  B_y
0  1   4   10,
```

# 3.2.4 Pandas 數據選擇與操作

在數據分析過程中，我們經常需要對數據進行選擇和操作，例如提取特定行或列、篩選滿足條件的數據、對數據進行排序等，在這個小節我們將介紹 Pandas 中常用的數據選擇和操作方法。

## 數據選取
. . . . . . . . . .

Pandas 提供了多種方法來選取 Series 和 DataFrame 中的數據，以下是一些常用的選取方法：

## pandas 索引

- loc：基於標籤的索引，可以選取指定行或列的數據。
- iloc：基於位置的索引，可以選取指定行或列的數據。
- at：基於標籤的索引，用於選取單個元素。
- iat：基於位置的索引，用於選取單個元素。

```
1.  import pandas as pd
2.
3.  data = {'A': [1, 2, 3],
4.          'B': [4, 5, 6],
5.          'C': [7, 8, 9]}
6.  df = pd.DataFrame(data, index=['row1', 'row2', 'row3'])
7.
8.  # 使用 loc 選取指定行或列
9.  print(df.loc['row1'], "\n---\n")   # 選取 row1 這一列
10. print(df.loc[:, 'A'], "\n---\n")    # 選取 A 這一行
11.
12. # 使用 iloc 選取指定行或列
13. print(df.iloc[0], "\n---\n")   # 選取第一列
14. print(df.iloc[:, 0], "\n---\n")   # 選取第一行
15.
16. # 使用 at 選取單個元素
17. print(df.at['row1', 'A'], "\n---\n")   # 選取 row1 列 A 行 ( 欄 ) 的元素
18.
19. # 使用 iat 選取單個元素
20. print(df.iat[0, 0], "\n---\n")   # 選取第一列第一行的元素
```

## 台灣與中國對於行列的定義是相反的？

如果讀者有在 Google 找過與表格或是矩陣相關的中文資料的話，或許會發現到中國習慣的用法是「直列橫行」，不同於台灣習慣的「橫列直行」。若以英文為基準做比較的話：

　　row：台灣為列，中國為行

　　column：台灣為行，中國為列

之所以會造成這樣差異，是因為最早的中文書寫方式都是直式，根據書寫的方向定義為「行」。但後來文字受到西方文化的影響逐漸改為橫式為主流，此時中國的做法是令新的文字方向為行，

> 而台灣的做法則是沿用原本的方向當作行，便造成的兩地用法
> 的差異。所以有些時候在工作溝通上為了避免誤解會以英文的
> 「Column」或「Row」來描述。

## pandas 篩選

Pandas 提供了多種篩選方法，可以根據條件選取數據：

- query：根據條件表達式篩選數據。
- where：根據條件保留數據，不符合條件的數據將被替換為 NaN。
- isin：根據值是否在指定列表中篩選數據。
- str：對字符串類型的數據進行篩選。
- select_dtypes：根據數據類型篩選數據。

```python
1. import pandas as pd
2.
3. data = {'A': [1, 2, 3],
4.         'B': [4, 5, 6],
5.         'C': [7, 8, 9]}
6. df = pd.DataFrame(data)
7.
8. # 使用 query 篩選數據
9. print(df.query('A > 1'))   # 選取 A 列大於 1 的列
10.
11. # 使用 where 篩選數據
12. print(df.where(df > 4))   # 選取大於 4 的數據，不符合條件的數據將被替換為 NaN
13.
14. # 使用 isin 篩選數據
15. print(df[df['A'].isin([1, 3])])   # 選取 A 行值為 1 或 3 的列
16.
17. # 使用 str 篩選數據
18. data = {'A': ['apple', 'banana', 'cherry'],
19.         'B': ['orange', 'grape', 'lemon']}
20. df = pd.DataFrame(data)
```

```
21. print(df[df['A'].str.contains('a')])    # 選取 A 行包含字母 'a' 的列
22.
23. # 使用 select_dtypes 篩選數據
24. data = {'A': [1, 2, 3],
25.          'B': [4.0, 5.0, 6.0],
26.          'C': ['a', 'b', 'c']}
27. df = pd.DataFrame(data)
28. print(df.select_dtypes(include='number'))    # 選取數值類型的行
29.
```

## 數據操作

在對數據進行選取後，我們通常需要對其進行一些操作，例如排序、分組等。以下是一些常用的數據操作方法：

## 數據排序

Pandas 提供了 sort_values 和 sort_index 兩個方法來對數據進行排序：

```
 1. import pandas as pd
 2.
 3. data = {'A': [3, 1, 2],
 4.          'B': [6, 4, 5],
 5.          'C': [9, 7, 8]}
 6. df = pd.DataFrame(data)
 7.
 8. # 使用 sort_values 對數據進行排序
 9. print(df.sort_values(by='A'))          # 根據 A 欄的值進行排序
10. print(df.sort_values(by=['A', 'B']))   # 根據 A 欄和 B 欄的值進行排序
11.
12. # 使用 sort_index 對數據進行排序
13. df.index = ['row3', 'row1', 'row2']
14. print(df.sort_index())                 # 根據索引進行排序
```

## 分組與聚合

Pandas 提供了 groupby 方法來對數據進行分組，並可以與聚合函數（如 sum、mean 等）結合使用：

```python
1. import pandas as pd
2.
3. data = {'Category': ['A', 'A', 'B', 'B', 'C', 'C'],
4.         'Value': [1, 2, 3, 4, 5, 6]}
5. df = pd.DataFrame(data)
6.
7. # 使用 groupby 進行分組
8. grouped = df.groupby('Category')
9.
10. # 使用聚合函數對分組後的數據
11. print(grouped.sum(), "\n---\n")   # 計算分組後的和
12. print(grouped.mean(), "\n---\n")  # 計算分組後的平均值
13. print(grouped.size(), "\n---\n")  # 計算分組後的元素個數
```

執行結果：

```
          Value
Category
A             3
B             7
C            11
---
```

```
          Value
Category
A           1.5
B           3.5
C           5.5
---
```

```
Category
A    2
B    2
C    2
dtype: int64
---
```

各式資料處理

# 4.1 影像資料原理

## 4.1.1 引言

在我們的日常生活中，影像資料無處不在。從手機拍攝的照片、電視節目、電影，到各種廣告和社群媒體上的圖像，我們每天都在接觸大量的影像資料，這些資料不僅豐富了我們的生活，還在各個領域中發揮著重要作用。當這些影像資料被大量的產生和儲存時，只要再經由適當的處理和分析，就可以讓它們產生出更多的價值，以下列出一些影像資料在不同領域中產生價值的案例：

- **疫情期間的口罩檢測**：在 COVID-19 疫情期間，為了有效阻止疫情的擴散，各國政府紛紛設立民眾必須要佩戴口罩的規定，因此也有許多機構採用影像分析的方式來自動檢測公共場所的口罩佩戴情況[1]。

- **工業製造的瑕疵檢測**：在工業製造上，則會使用**自動光學檢查**（Automated Optical Inspection，簡稱 **AOI**）來改良傳統用人力檢查的速度和品質不夠穩定的情況。

- **醫學影像的疾病分析**：在醫療領域也有著大量的影像資料如 X 光、電腦斷層、核磁共振……等，這些資料的分析對於協助醫生進行疾病的診斷也有非常大的幫助。例如以色列 AI 新創公司 Zebra Medical Vision 就以此推出了醫學影像分析的服務，讓消費者可以用每張 1 美元的價格就能獲得自己的健康狀況分析。

---

1　Mask Detection using Computer Vision | IEEE Conference Publication | IEEE Xplore。

在這個章節，將向你介紹各有有關於影像資料概念和原理。我們會從基本的視覺原理出發，說明影像的物理性質、光與顏色、人類視覺的運作機制；接著，我們將從電腦的角度介紹像素、解析度、色深、影像格式等這些組成影像資料的組成成分；我們也會再進一步的提及一些與影像資料的視覺效果有關的進階概念，包含亮度、對比、色彩空間等；最後，我們將簡要介紹影像資料與電腦視覺的一些基本概念和常見應用。

希望透過本章介紹，你將對影像資料有更深入的理解，為後續的資料分析工作打下基礎。

## 4.1.2 影像與視覺

影像始於我們對顏色與視覺的認知。因此在本節中，我們將探討影像的物理性質、人類視覺的運作機制，以及電腦如何儲存圖像。

### 影像的物理性質：光與顏色

影像，無論是由人眼所見，還是由相機所拍攝，都是光的一種表現形式。光源發出光線，經過物體反射後，進入我們的眼睛，形成視覺的感知。光的本質是包含不同波長的電磁波，這些不同的波長對應著不同的顏色。人類視覺系統可以感知約 400 至 700 納米的波長範圍，這個範圍內的光被稱為可見光。

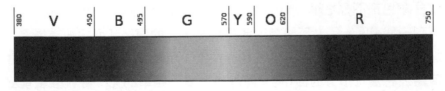

▲ 圖 4-1 可見光範圍及對應顏色

## 人類視覺的運作機制

　　人類的視覺系統主要由眼睛和大腦構成，眼睛的角膜、水晶體和瞳孔共同調節光線的進入，將光線聚焦在視網膜上。而顏色的形成，就是人類視網膜上的兩種感光細胞（視桿細胞和視錐細胞，分別負責黑白視覺和彩色視覺）對不同波長的光的反應。三種不同類型的視錐細胞會對不同波長光線有不同的敏感程度，當光照射到視網膜時，這些細胞會將光訊號轉換為電訊號，傳遞給大腦，由大腦綜合解讀這些訊號，便形成了我們所看到的顏色影像。

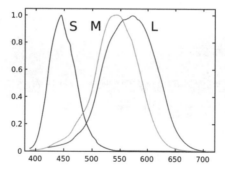

▲ 圖 4-2　三種錐狀細胞的光線敏感範圍。來源：Vanessaezekowitz at en.wikipedia （本書為黑白印刷，圖片無法呈現色彩效果，建議至 Github 上參考效果）

---

**Tips**

你知道嗎？ RGB 三原色其實不是單一的頻率：雖然很常會聽到所謂的 RGB 三原色，但其實不論是發光的元件亦或是人類的感知，對於這些顏色都不會是單一頻率的——所以這邊提到的 RGB 其實都是對應到一個範圍。因為不論發射或是接受，光的傳播都必須要有能量，能量大小由不同頻率的強度加總而決定（用精準一點的話來說，是強度隨波長變化積分的面積）。而理想上單一頻率的光，除非強度能到無限大，否則是無法傳遞能量的。

| 顏色 | 波長（nm） |
|---|---|
| 紅色 | 700~635 |
| 橙色 | 635~590 |
| 黃色 | 590~560 |
| 綠色 | 560~520 |
| 青色 | 520~490 |
| 藍色 | 490~450 |
| 紫色 | 450~400 |

## 電腦是怎麼儲存圖像的

　　電腦儲存圖像的方式是將影像分解為許多小單位，每個單位包含特定的顏色資訊，這些小單位被稱為像素（Pixel），是影像資料的基本構成單位。電腦通常使用三原色（紅、綠、藍，簡稱 RGB）來表示顏色，每個像素的顏色由三個分量（紅、綠、藍）的組合決定。每個分量的取值範圍通常為 0 至 255，表示該分量的強度。透過調整三個分量的取值，可以表示大約 1677 萬種顏色。而對於黑白圖像，則只需一個灰度值來表示每個像素的亮度。

# 4.1.3 影像資料的基本原理

## 解析度

　　解析度是影像的一個重要指標，它表示了一個影像中像素的數量。像素是影像的基本單位，每個像素都包含了一個特定的顏色。我們通常以水平像素數乘以垂直像素數來表示解析度，例如 1920x1080 就表示水平方向有 1920 個像素，垂直方向有 1080 個像素。若解析度越高，影像中的細節越豐富，但同時也意味著需要更多的儲存空間和更高的處理能力，因此在應用中需要根據使用場景和設備性能來進行權衡，例如：在視訊通話中，可能會選擇較低的解析度以降低延遲和緩衝時間；而在專業的影像處理中，則可能需要提高解析度以保證細節的呈現不會收到影響。

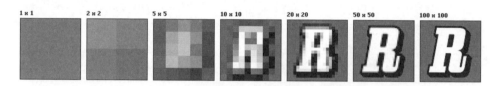

▲ 圖 4-3 同一張圖在不同解析度下的效果

## 色深

色深是指影像中顏色的表現能力，一般以位元（bit）表示。常用的色彩模型是 RGB 模型，它將顏色分為紅（R）、綠（G）、藍（B）三個基本通道。最常見的是 8-bit 色深，也就是每個通道的數值範圍為 0~255，而 8bit 色深的 RGB 就可以表示 $2^{24}$（約 1670 萬）種顏色。

## 壓縮與格式

影像壓縮是將影像數據編碼為更小的文件大小，以便於儲存和傳輸。壓縮又可以再分為有損壓縮和無損壓縮：有損壓縮透過丟棄影像中的部分資訊來減少文件大小，這種壓縮方式會導致影像品質下降，但其實在大多數情況下都是人眼無法察覺到的差異。無損壓縮則是透過編碼技術將影像數據壓縮，而不會丟失任何資訊，並且解壓縮後的影像與原始影像完全相同。

## 4.1.4 影像資料的進階理解

掌握了影像資料的基本原理後，我們可以進一步了解影像的視覺效果以及色彩空間等概念。

### 亮度與對比度

亮度是指影像中的明亮程度，它與光源的強度和物體表面的反射率有關。若是黑白的影像，則只有一個記錄亮度的數值。而若是以 RGB 記錄的影像，其亮度（L）可以透過以下公式計算：

$$L = 0.299R + 0.587G + 0.114B$$

對比度則是指影像中不同區域中明亮的地方和黑暗的地方的差距，高對比影像具有較大的亮度差異（黑的越黑、白的越白）與更豐富的細節，但也會使得邊緣變得更加明顯。

### 色彩空間（color space）

在前面的說明中我們已經有了 RBG 色彩空間，色彩空間是一種數學模型，用於描述色彩的表示和組織方式。不同的色彩空間具有不同的特點和應用場景。在數位影像中，最常見的色彩空間是 RGB（紅綠藍），它使用三個通道來表示色彩，每個通道的值範圍為 0 到 255。RGB 色彩空間直觀且易於理解，但在某些應用中可能不是最佳選擇。

然而雖用三種不同的單色光表示顏色很方便，但因為人類對於這些顏色的變化卻不是直接線性相關的，因此各種針對不同顏色感受度設計的色彩空間開始被提出來。其他常見的色彩空間包括 HSV（色相、飽和度、明度）和 Lab（亮度、顏色對立通道 a、顏色對立通道 b）。HSV 色彩空間將色彩分解為色相、飽和度和明度三個分量，更符合人類對色彩的感知方式。Lab 色彩空間則將亮度和顏色分開表示，有助於在不影響亮度的情況下進行色彩分析和處理。因此在針對不同的影像分析或處理上，可以嘗試使用適合的色彩空間也會比較有幫助。

### 影像資料的分析方向

以下整理一些影像分析的常見資料集和應用，讓有興趣在影像領域深入瞭解的讀者可以進一步研究：

| 應用 | 目的 | 常用資料集 | 相關模型 |
|---|---|---|---|
| 分類 | 將影像分類到不同的類別，如狗、貓、馬、天竺鼠、老鼠……等。 | ImageNet | ViT, BASIC-L, ResNet |
| 檢測 | 在影像中檢測特定物體的存在，並確定其位置、範圍與數量。 | PASCAL VOC, MS-COCO | YOLOv7, EfficientDet |
| 分割 | 將影像中的物體與背景分開，或將不同物體分開。 | Cityscapes, ADE20K | DeepLabV3+, Mask R-CNN, SAM, U-Net |
| 生成 | 根據輸入的條件（文字或圖片）生成新的影像。 | CelebA, LSUN | Stable Diffusion, DALL-E 2, Parti |

# ▶ 4.2 影像資料處理實作

## 4.2.1 簡介

在影像處理領域中，一個幾乎繞不過去的套件便是 OpenCV，它是一個用來處理電腦視覺的函式庫，其全稱為 Open Source Computer Vision Library，是由 Intel 公司發起並參與開發的開源套件，目前是最流行的電腦視覺套件之一。由於 OpenCV 提供了許多強大的處理工具和算法，所以它也被廣泛應用於許多領域，包括：自動駕駛，人臉識別，機器人視覺，醫學影像處理等。

### 安裝 OpenCV 套件

我們可以透過 pip 來安裝 OpenCV，請參考以下指令：

```
pip install opencv-python          # 主程式
pip install opencv_contrib_python  # 擴充模塊
```

安裝完成之後，可以透過以下程式檢查是否安裝成功：

```
1. import cv2
2. print(cv2.__version__)
```

若有顯示版本號碼，則表示安裝順利成功。

## 4.2.2 讀取與顯示

在這個小節，我們將會學習如何使用 OpenCV 讀取、顯示、儲存圖片。

- 讀取圖片：
  - 使用 cv2.imread()，它接受一個參數，即圖片的檔案路徑。
  - 讀取成功後，圖片將以 NumPy 陣列的形式儲存。

- 顯示圖片：
  - 使用 cv2.imshow()，它接受兩個參數：視窗名稱和要顯示的圖片。
  - 在執行之後會跳出來一個顯示該圖片的視窗，可以按任意按鍵後將其關閉。

- 儲存圖片：
  - 使用 cv2.imwrite()，它接受兩個參數：儲存的檔案名稱和要儲存的圖片。

```
 1. import cv2
 2.
 3. # 讀取圖片
 4. image = cv2.imread('example.jpg')
 5.
 6. # 顯示圖片
 7. cv2.imshow('Image', image)
 8. # 等待按鍵，並關閉視窗
 9. cv2.waitKey(0)
10. cv2.destroyAllWindows()
11.
12. # 儲存圖片
13. cv2.imwrite('output.jpg', image)
```

🔒 常見問題：

Ｑ：我是 MAC 的系統，在 Jupyter Notebook 上執行開啟視窗後就關不掉怎麼辦？

Ａ：可以在 cv2.destoryAllWindows() 後加一行 cv2.waitKey(1)，通常就可以解決了，推測是因為 MAC 系統與 OpenCV 中對於關閉視窗命令的不夠兼容導致的。

## 4.2.3 圖片基本操作

在這個小節，我們將學習一些基本的圖片操作，包括裁剪、縮放、旋轉和平移，這些操作可以幫助我們對圖片進行預處理，以便進行後續的分析。

### 裁切

裁切是將圖片的一部分切下來，只保留感興趣的區域，我們可以使用 NumPy 陣列的切片操作來實現裁切操作：

```
1.  # 裁切圖片
2.  cropped_image = image[600:900, 500:800]
3.
4.  # 顯示原圖和裁切後的圖片
5.  cv2.imshow('Original Image', image)
6.  cv2.imshow('Cropped Image', cropped_image)
7.
8.  # 等待按鍵，並關閉視窗
9.  cv2.waitKey(0)
10. cv2.destroyAllWindows()
```

　　在這邊的 image[600:900, 500:800] 表示我們從圖片中選擇了一個 300x300 的矩形區域，裁切後效果如圖：

## 縮放
· · · · ·

　　縮放是將圖片的尺寸進行調整，可以放大或縮小圖片，我們可以使用 cv2.resize() 來對圖片進行縮放：

```
1. # 縮放圖片
2. scaled_image = cv2.resize(image, (300, 200)) # 縮放到 300x200 像素。
3.
4. # 顯示原圖和縮放後的圖片
5. cv2.imshow('Original Image', image)
6. cv2.imshow('Scaled Image', scaled_image)
7.
8. # 等待按鍵，並關閉視窗
9. cv2.waitKey(0)
10. cv2.destroyAllWindows()
```

縮放對比：

# 平移

平移就是將圖片沿 x 軸或 y 軸進行直線移動：

```
1.  # 設定平移向量
2.  tx = 500
3.  ty = 300
4.  translation_matrix = np.float32([[1, 0, tx], [0, 1, ty]])
5.
6.  # 平移圖片
7.  translated_image = cv2.warpAffine(image, translation_matrix, (image.
    shape[1], image.shape[0]))
8.
9.  # 顯示原圖和平移後的圖片
10. cv2.imshow('Original Image', image)
11. cv2.imshow('Translated Image', translated_image)
12.
13. # 等待按鍵，並關閉視窗
14. cv2.waitKey(0)
15. cv2.destroyAllWindows()
```

平移的效果如下：

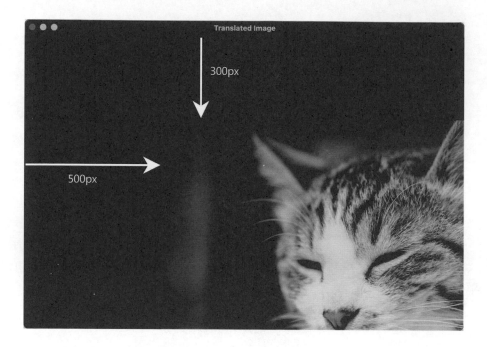

## 旋轉
‥‥‥

旋轉操作會稍微複雜一點，我們需要指定選擇的中心點和要旋轉的角度：

```
1. # 獲取圖片尺寸
2. (h, w) = image.shape[:2]
3.
4. # 設定旋轉中心和角度
5. center = (w // 2, h // 2)
6. angle = 45
7.
8. # 獲取旋轉矩陣
9. rotation_matrix = cv2.getRotationMatrix2D(center, angle, 1.0)
```

```
10.
11. # 旋轉圖片
12. rotated_image = cv2.warpAffine(image, rotation_matrix, (w, h))
13.
14. # 顯示原圖和旋轉後的圖片
15. cv2.imshow('Original Image', image)
16. cv2.imshow('Rotated Image', rotated_image)
17.
18. # 等待按鍵，並關閉視窗
19. cv2.waitKey(0)
20. cv2.destroyAllWindows()
```

在這個範例中我們選擇原圖片中心作為旋轉中心點。然後使用 cv2. getRotationMatrix2D() 函數獲取旋轉矩陣，並以 cv2.warpAffine() 函數將圖片進行旋轉。

## 4.2.4 影像特徵提取

在這個小節中，我們將學習使用 OpenCV 進行常用的影像特徵的提取，包含**色彩直方圖**、**梯度直方圖**等。

## 色彩直方圖

　　色彩直方圖是一種表示圖像中**顏色分佈的統計方法**，它將圖像中的顏色劃分為若干個區間，統計每個區間中顏色出現的次數，可以用來判斷圖中顏色的組成成分，檢查是否有過曝或欠曝：

```
 1.  # 轉換為 RGB 格式
 2.  image = cv2.cvtColor(image, cv2.COLOR_BGR2RGB)
 3.
 4.  color = ('b','g','r')
 5.
 6.  # 我們現在分別對 RGB 通道進行計算並繪製直方圖
 7.  for i,col in enumerate(color):
 8.      hist = cv2.calcHist([image],[i],None,[256],[0,256])
 9.      plt.plot(hist,color = col)
10.
11.  plt.show()
```

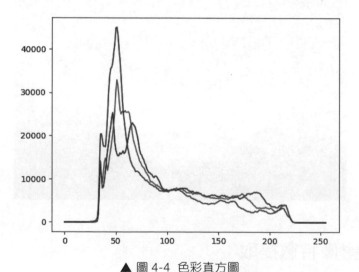

▲ 圖 4-4　色彩直方圖

（本書為黑白印刷，圖片無法呈現色彩效果，建議至 Github 上參考效果）

## 方向梯度圖
. . . . . . . . . . . .

　　方向梯度圖是一種將圖像中每一個部分計算它與周圍相圖直接的關係而得到的向量，將這個向量以箭頭方向 + 長度的方式顯示出來的圖，可以讓我們查看圖形中的邊緣、角落等形狀訊息：

```python
1. gray = cv2.imread("example.png", cv2.IMREAD_GRAYSCALE)
2. gray_norm = np.float32(gray)/255.0
3.
4. # 計算梯度
5. gx = cv2.Sobel(gray_norm, cv2.CV_32F, 1, 0, ksize=1)
6. gy = cv2.Sobel(gray_norm, cv2.CV_32F, 0, 1, ksize=1)
7.
8. # 計算梯度大小和方向
9. mag, angle = cv2.cartToPolar(gx, gy, angleInDegrees=True)
10.
11. # 建立一個空白圖像，用於繪製箭頭
12. h, w = gray.shape
13. arrow_image = np.zeros((h, w, 3), dtype=np.uint8)
14.
15. # 設定箭頭繪製的區域大小
16. cell_size = 10
17.
18. # 繪製箭頭
19. for y in range(0, h, cell_size):
20.     for x in range(0, w, cell_size):
21.         # 獲取梯度大小和方向的平均值
22.         avg_mag = np.mean(mag[y:y+cell_size, x:x+cell_size]) * 50
23.         avg_angle = np.mean(angle[y:y+cell_size, x:x+cell_size])
24.
25.         # 計算箭頭的起點和終點
26.         x1, y1 = x + cell_size // 2, y + cell_size // 2
27.         x2 = int(x1 + avg_mag * np.cos(np.deg2rad(avg_angle)))
28.         y2 = int(y1 + avg_mag * np.sin(np.deg2rad(avg_angle)))
29.
30.         # 繪製箭頭
```

```
31.        cv2.arrowedLine(arrow_image, (x1, y1), (x2, y2), (0, 255, 0), 1,
    tipLength=0.3)
32.
33. # 顯示箭頭圖像
34. cv2.imshow("Arrow Image", arrow_image)
35. cv2.waitKey(0)
36. cv2.destroyAllWindows()
```

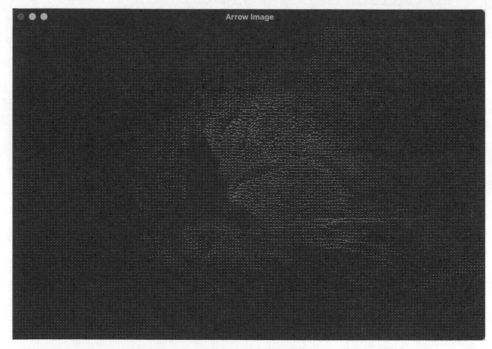

▲ 圖 4-5　方向梯度圖

（本書為黑白印刷，圖片無法呈現色彩效果，建議至 Github 上參考效果。）

## 4.2.5　基本影像處理

　　在這個小節中，我們將學習如何使用 OpenCV 進行基本的影像處理，包含灰階化、二值化、平滑、銳化、邊緣檢測等。

## 灰階
· · · · ·

灰階是將三通道的彩色圖像轉換為單通道的灰階圖像的過程：

```
 1. # 灰階化
 2. gray_image = cv2.cvtColor(image, cv2.COLOR_BGR2GRAY)
 3.
 4. # 顯示原圖和灰階圖像
 5. cv2.imshow('Original Image', image)
 6. cv2.imshow('Gray Image', gray_image)
 7.
 8. # 等待按鍵，並關閉視窗
 9. cv2.waitKey(0)
10. cv2.destroyAllWindows()
```

處理前後效果如下：

▲（本書為黑白印刷，圖片無法呈現色彩效果，建議至 Github 上參考效果。）

## 二值化
· · · · · · · ·

二值化是將灰階圖像轉換為二值圖像的過程，即所有的灰階值只會有全黑或全白兩種可能之一，可以手動調整要區分黑白的閾值：

```
1.  # 二值化
2.  _, binary_image = cv2.threshold(gray_image, 128, 255, cv2.THRESH_BINARY)
3.
4.  # 顯示原圖和二值圖像
5.  cv2.imshow('Original Image', image)
6.  cv2.imshow('Binary Image', binary_image)
7.
8.  # 等待按鍵，並關閉視窗
9.  cv2.waitKey(0)
10. cv2.destroyAllWindows()
```

處理前後效果如下：

▲（本書為黑白印刷，圖片無法呈現色彩效果，建議至 Github 上參考效果。）

## 平滑化

　　平滑是一種減少圖像噪聲的方法，像是圖像中皮膚細節過多的話可以使用平滑化來降低紋路：

```
1.  # 平滑
2.  smooth_image = cv2.GaussianBlur(image, (49, 49), 0)  # 設定平滑的程度，範圍
    越大越平滑
3.
4.  # 顯示原圖和平滑後的圖像
```

```
 5. cv2.imshow('Original Image', image)
 6. cv2.imshow('Smooth Image', smooth_image)
 7.
 8. # 等待按鍵，並關閉視窗
 9. cv2.waitKey(0)
10. cv2.destroyAllWindows()
```

處理前後效果如下：

▲（本書為黑白印刷，圖片無法呈現色彩效果，建議至 Github 上參考效果。）

## 銳化

銳化則是一種與平滑化相反的增強圖像邊緣方法，它會讓圖片的紋路和風格感更加明顯：

```
 1. # 定義銳化核
 2. sharpen_kernel = np.array([[-1, -1, -1], [-1, 9, -1], [-1, -1, -1]])
 3.
 4. # 銳化
 5. sharpen_image = cv2.filter2D(image, -1, sharpen_kernel)
 6.
 7. # 顯示原圖和銳化後的圖像
 8. cv2.imshow('Original Image', image)
 9. cv2.imshow('Sharpen Image', sharpen_image)
```

```
10.
11. # 等待按鍵，並關閉視窗
12. cv2.waitKey(0)
13. cv2.destroyAllWindows()
```

處理前後效果如下：

▲（本書為黑白印刷，圖片無法呈現色彩效果，建議至 Github 上參考效果。）

## 邊緣檢測

　　在圖像處理中，邊緣檢測也是一個經常被使用的方法，會使用梯度來檢測圖像中可能潛在的角落或是邊緣：

```
1. # 邊緣檢測
2. edge_image = cv2.Canny(gray_image, 100, 200)
3.
4. # 顯示原圖和邊緣圖像
5. cv2.imshow('Original Image', image)
6. cv2.imshow('Edge Image', edge_image)
7.
8. # 等待按鍵，並關閉視窗
9. cv2.waitKey(0)
10. cv2.destroyAllWindows()
```

處理前後效果如下：

▲（本書為黑白印刷，圖片無法呈現色彩效果，建議至 Github 上參考效果。）

# 4.3 音訊資料原理

## 4.3.1 引言

　　音訊資料無處不在，從我們日常生活中的對話、電話鈴聲、音樂播放，到電影、電視節目、廣播等，這些都是我們每天都會接觸到的音訊資料。音訊資料分析在許多領域都有著重要的應用，以下是一些生活中的音訊資料例子：

1. **語音助手**：如 Siri、Google Assistant 等，透過語音辨識技術來理解我們的指令，並提供相應的回應。

2. **音樂推薦系統**：如 Spotify、Apple Music 等，根據我們的聆聽習慣和音樂特徵，為我們推薦相似的音樂作品。

3. **噪音監測**：在城市或工業區域會需要透過音訊資料分析來監測噪音音量，以確保達到法定標準。

4. **電影音效**：在電影製作過程中，音效師會根據場景合成出符合情境的音效，提升觀眾的觀影體驗。

在本章節，我們將探討音訊資料的基本原理，從聲音的物理性質、人類聽覺的運作機制，到音訊資料的基本概念和進階理解；最後，我們將介紹一些語音或音樂領域的音訊資料的分析方向。

## 4.3.2 音訊與聽覺

在本節中，我們將帶領你瞭解音訊和聽覺的基本原理，讓你在後續針對音訊資料的分析有更好的基礎認知。

### 聲音的物理性質：波的振動

聲音的本質是聲波，當物體振動時，透過介質（如空氣、水等）的震動來傳播。當我們說話、唱歌或者彈奏樂器時，都會產生聲波，這些聲波會在特定的時間範圍內以不同的振幅、頻率和相位進行變化。這些壓力波透過空氣傳播，最終被我們的耳朵接收，人類的聽覺系統透過接收這些波形轉換成我們能夠理解的語言、音樂等。

1. **頻率**：聲波在單位時間內振動的次數，通常用赫茲（Hz）表示。頻率與聲音的音高密切相關，頻率越高，音高越高；頻率越低，音高越低。

2. **振幅**：聲波的最大偏移量是聲音的振幅大小，它與聲音的音量有關。當振幅越大，聲音的音量就越大；振幅越小，聲音的音量則越小。分貝（dB）是一種常用的衡量聲音大小的單位，它可以告訴我們聲音的強弱。要注意的是，分貝並不是線性的，一個增加 10 分貝的聲音，相當於原來的聲音增強了 10 倍！換言之 20 分貝則會差 100 倍的強度。

3. **相位**：聲波在時間上的相對位置，它會影響聲音的波形。不同相位的聲波疊加在一起，可能會產生相互抵消或增強的效果。

## 人類聽覺的運作機制

當聲音波進入我們的耳朵時，會被耳廓收集並引導到耳道，聲波在耳道中傳播，使鼓膜振動。鼓膜的振動則被中耳的三個小骨（錘骨、砧骨和鐙骨）放大並傳遞到內耳。內耳的主要結構是耳蝸，它充滿了液體並包含感覺聲音的毛細胞，當聲波到達耳蝸時，毛細胞受到刺激產生電訊號，這些訊號經由神經傳遞到大腦，最後被大腦解析為我們感受的聲音。

## 如何量化聲音

對於音訊資料，為了方便計算和存儲，聲音需要被量化為數位訊號。這樣做需要考慮到取樣率和位元深度兩個參數。

首先，取樣率是指每秒鐘採樣的次數，也就是對於一段聲音訊號，每秒中有多少個數字樣本被採集。這個參數很重要，因為如果取樣率過低，那麼在量化過程中就會丟失很多原本的音訊細節。相反，如果取樣率過高，那麼就會浪費存儲空間和計算資源。採樣定理告訴我們，為了保證樣本不失真，取樣率需要大於等於訊號最高頻率的兩倍。

其次，位元深度是指每個樣本的二進制位數。例如，如果位元深度為 16 位，那麼每個樣本就會用 16 位二進制數字表示。位元深度越高，數字訊號的精度就越高，可以更準確地表現原始的聲音。但同時，位元深度也會對數字訊號的存儲空間產生影響。

綜合考慮取樣率和位元深度，可以得到一個適合聲音量化的數字訊號。例如，常用的 CD 音質標準的取樣率為 44.1kHz，位元深度為 16

位。在進行音訊分析時，我們需要理解這些量化參數對於分析結果的影響，並根據具體應用場景進行合理的參數選擇。

# 4.3.3 音訊資料的基本原理

## 聲音基本三要素

聲音是我們日常生活中不可或缺的一部分，從悅耳的音樂到日常間的對話，但如果想要更深入的了解聲音，就需要了解組成聲音的三個基本要素：音量、音高和音色。

- **音量**指的是聲音的強度或大小，在聲音訊號中，音量是用聲壓來表示的，聲壓是指聲音中分子震動所產生的壓力。

- **音高**指的是聲音的頻率，也就是聲波每秒振動的次數，振動的越快聲音的頻率就越高。

- **音色**是指聲音的質地或特徵，不同的樂器和聲音設備產生的聲音具有不同的音色，這也是為什麼就算是同樣的音高，但人們還是可以區分出不同樂器的聲音。

## 節奏

在日常生活中，我們經常聽到「節奏」這個詞，但很少意識到它實際上包含了幾個不同的概念混合在一起。因此在和音樂相關的分析中，我們來細談一下三個相關但不同的概念：

- Tempo（**拍速**）Tempo 是指音樂的速度，通常用每分鐘的拍子數（BPM，beats per minute）來表示。不同的音樂風格和曲目可能有不同的拍速,例如古典音樂可能有較慢的拍速,而流行音樂和電子舞曲則可能有較快的拍速。因此在音樂分析中,拍速會和音樂的整體風格和情感表達比較有關。

- Beat(節拍)節拍是音樂中最基本的時間單位,它是音樂節奏的基石。節拍通常具有一定的規律性,使聽者能夠感受到音樂的節奏。如果要對音樂進行結構化的分析(例如將音樂分成小節、樂句等單位)的時候通常都會需要先進行節拍的辨識。

- Rhythm(節奏)節奏是指音樂中音符的長短和強弱的排列組合,它賦予音樂獨特的風格和個性。節奏是音樂中最具表現力的元素之一,可以傳達情感、強調旋律或和弦的變化等,但同時也是三者中比較抽象的存在。在音樂分析中對節奏的分析可以幫助我們深入理解音樂的風格特點和創作手法。

## 和弦

當我們聽到一系列經過搭配的音符時,總會有某種特別的感覺,那麼是什麼讓這些音符在一起時產生如此美妙的和諧感呢?

故事要從古希臘哲學家畢達哥拉斯開始說起,他在研究音樂時,發現了一個有趣的現象:當兩個音符的頻率之比為**簡單的整數比**時,這兩個音符在一起聽起來會特別和諧。例如,當兩個聲音的頻率之比為 2:1 時,它們形成的和聲稱為八度,聽起來非常和諧。類似地,當頻率之比為 3:2 時,它們形成的和聲稱為五度,同樣具有很好的和諧感。

基於畢達哥拉斯的發現,音樂家們進一步探索了音高和和弦之間的關係,發展出了各種音樂理論和調式。然而畢達哥拉斯音律在實際應用中存在一定的局限性,因為它無法保證在不同調式和音階之間實現完美的轉換。為了解決這一問題，**十二平均律應運而生**。十二平均律將一個八度平均分為十二個半音，使得相鄰兩個半音之間的頻率比相同。這種音律系統允許音樂家在不同調式和音階之間自由轉換，並在各種音樂風格中實現和諧的效果。

在這個基礎上，音樂家們開始探索各種音符的組合，即「和弦」。和弦是由三個或更多音符同時發出的聲音，它們共同創造出一種獨特的氛圍。和弦的種類繁多，有些和弦聽起來溫暖而悅耳，有些則帶有神秘和緊張的氣氛。正是這些和弦的組合，豐富了音樂的表現力，讓我們能夠在音樂中感受到各種情感。

因此在音訊處理的領域中，如果要進行音樂的分析我們往往不能以單一的音高就作為處理的依據，而是需要配合著許多不同的樂理基礎進行才可以。

## 4.3.4　音訊資料的進階理解

聲音，作為一種特別的資料格式，它所承載的意義和資訊不是瞬間就能體現的。相較於文本、圖像等其他資料格式，聲音的表達形式更加獨特，它以波形的方式傳遞，需要在**一段時間內**進行解讀。這一特點使得聲音分析在某些方面比其他資料更具挑戰性，同時也為其帶來無限的可能性。

因此要完全理解聲音所包含的意義，僅靠觀察波形是不夠的。我們需要對聲音進行深入的分析，將其拆分為更基本的組件，以便更好地解讀和處理。這就涉及到聲音分析的兩個重要概念：**時間域和頻率域**。

## 時間域和頻率域的定義和區別

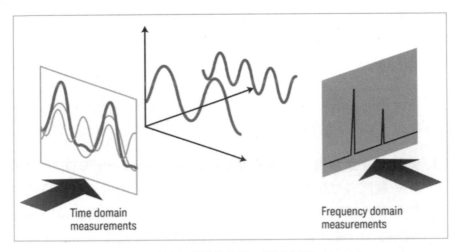

▲ 圖 4-6 時域與頻域的差別。資料來源：Keysight

　　時間域是指聲音訊號在時間軸上的表示，直觀地反映了聲音隨時間變化的特徵。在時間域中，我們可以觀察到聲音訊號的振幅、周期和波形等資訊。例如，一段語音訊號在時間域上表現為一系列連續的波形，波形的高低對應著聲音訊號的強弱，而波形的緊密程度則反映了音高的變化。透過時間域分析，我們可以了解到聲音的基本結構和節奏特徵。

　　頻率域是指將聲音訊號從時間域轉換到頻率域的過程，通常使用傅立葉變換（Fourier Transform）等數學工具來實現。在頻率域中，聲音訊號被表示為各個不同頻率成分的疊加，反映了聲音訊號在不同頻率上的能量分布情況。例如，一段音樂訊號在頻率域上可以顯示出各個樂器所產生的不同音色特徵。透過頻率域分析，我們可以深入瞭解聲音的頻率成分，並應用於語音識別、音樂分析等領域。

　　時間域和頻率域是對聲音訊號的兩種不同角度的描述：時間域強調聲音隨時間變化的特點，易於直觀理解，但對於頻率成分的分析有限。

而頻率域則著重於揭示聲音在不同頻率上的特性，有助於深入了解聲音的結構和組成，但可能不如時間域直觀。因此在實際應用中，通常會根據不同的需求選擇合適的域進行聲音訊號的分析和處理。

## 不同類型的頻域分析

更進一步的，在將時域訊號轉換成頻域的時候，會根據我們所要處理的方向有一些不同的轉換方法：

1. **短時傅立葉變換**（Short-Time Fourier Transform, STFT）：STFT 是一種將時域訊號轉換為頻域訊號的方法，透過將訊號分成短時間段，然後對每個時間段進行傅立葉變換，以獲得該時間段內的頻率成分。STFT 可以幫助我們了解聲音訊號在不同時間和頻率上的變化。

2. **梅 爾 頻 率 倒 譜 係 數**（Mel-Frequency Cepstral Coefficients, MFCC）：MFCC 是一種用於語音和音樂分析的特徵提取方法，它模擬了人類聽覺系統對聲音的感知。MFCC 透過將訊號轉換到梅爾頻率尺度，然後提取倒譜係數，以獲得聲音的特徵。MFCC 常用於語音辨識、音樂分類等應用。

3. **梅爾頻譜**（Mel-Spectrogram）：梅爾頻譜是一種將音訊訊號轉換為梅爾頻率尺度上的頻譜表示。與 STFT 不同，梅爾頻譜更加關注人類聽覺感知的頻率範圍，因此在音訊分析中具有更好的性能。梅爾頻譜可用於語音辨識、音樂分類等應用。

## 4.3.5 音訊資料的分析方向

在音訊資料原理的最後，整理目前一些音訊分析的常見方向介紹，讓有興趣在音訊領域深入瞭解的讀者可以進一步研究與學習：

| 分類 | 技術 | 描述 |
|------|------|------|
| 語音 | 語音識別 | 將語音訊號轉換為文字，又常被稱作 STT（Speech to Text）。 |
| 語音 | 語音合成 | 將文字內容合成處語音訊號，又常被稱作 TTS（Text to Speech）。 |
| 語音 | 語者識別 | 根據語音訊號識別説話者身份。 |
| 語音 | 語音情感分析 | 識別語音中的情感資訊（例如高興、憤怒、悲傷等）。 |
| 音樂 | 音樂分類 | 根據音樂的風格、節奏、樂器等特徵對音樂進行分類。 |
| 音樂 | 音樂推薦 | 根據用戶的喜好和聆聽行為推薦相似音樂。 |
| 音樂 | 自動作曲 | 利用模型生成新的音樂作品。 |
| 環境 | 事件檢測 | 根據環境聲音識別特定事件。 |
| 環境 | 噪音監測 | 分析環境中的噪音程度，評估噪音對人類生活的影響。 |
| 醫學 | 心音 / 肺音分析 | 評估患者的心臟、肺部的健康狀況或潛在的疾病。 |
| 醫學 | 聲帶病變檢測 | 透過説話聲音，評估患者是否有聲帶相關的疾病。 |

# ▶ 4.4 音訊資料處理實作

## 4.4.1 簡介

在處理音訊的過程中也會用到許多不同的套件，其中最常用到的有：

- librosa：librosa 是一個用於聲音訊號處理的開源 Python 庫，專門用於音樂與音訊分析，該庫提供了許多簡單上手的功能，如音訊載入、特徵提取、音訊轉換、濾波處理以及視覺化工具。

- libfmp：libfmp 提供了一些更多的音樂處理任務，如調音估計、
  音樂結構分析、音訊縮略圖、和弦識別、節奏估計、節拍和本地
  脈衝跟踪等。

## 4.4.2 讀取與處理

在這個小節中，我們將介紹一些音訊資料分析的基本操作，包括讀
取音訊檔案、播放音訊內容、重採樣和儲存音訊檔案。

要讀取音訊檔案，我們可以使用 librosa 的 load() 函數：

```
1. import librosa
2.
3. # 讀取音訊檔案
4. audio_file = 'song.wav'
5. y, sr = librosa.load(audio_file)
6.
7. # y：音訊波形數據，sr：音訊的取樣率
8. print(f"shape of y: {y.shape}, sr: {sr}")
```

執行結果：

```
shape of y: (1607425,), sr: 22050
```

要播放音訊內容，我們可以使用 IPython.display 的 Audio 類別：

```
1. from IPython.display import Audio
2.
3. # 播放音訊內容
4. Audio(y, rate=sr)
```

▲ 圖 4-7 播放介面

音訊的取樣率不但會影像聲音的品質，也會改變檔案的大小，我們可以使用 librosa 的 resample() 函數進行重採樣：

```
1. # 將音訊的取樣率從原始取樣率 (sr) 降低到 16000 Hz
2. new_sr = 16000
3. y_resampled = librosa.resample(y, orig_sr=sr, target_sr=new_sr)
4.
5. # 播放重採樣後的音訊內容
6. Audio(y_resampled, rate=new_sr)
```

在處理完要儲存音訊檔案，我們需要使用 soundfile 來儲存：

```
1. # 儲存音訊檔案
2. import soundfile as sf
3.
4. sf.write('song_resampled.wav', y_resampled, new_sr)
```

在接下來的小節中，我們將介紹一些有關特徵提取的音訊處理技巧。

## 4.4.3 音訊特徵提取

在這小節，我們將介紹一些音訊資料處理中的特徵及其提取方法，方便我們做後續的分析使用。

### 能量特徵

我們可以計算音訊在一段範圍時間內的能量平均值，這個數值表會受到聲音音量大小的影響：

```
1. def energy_mean(y, sample_rate, start_time, end_time):
2.     """ 計算音訊的能量均值 """
```

```
3.    start_index = int(start_time * sample_rate)
4.    end_index = int(end_time * sample_rate)
5.    y_part = y[start_index:end_index] # 選擇音訊數據的一部分
6.    energy = np.square(y_part) # 計算能量
7.    energy_mean = np.mean(energy) # 計算能量的均值
8.    return energy_mean
9.
10. # 計算從第 1 秒到第 3 秒的能量均值
11. energy_mean_result = energy_mean(y, sr, 1, 3)
12. print("能量均值:", energy_mean_result)
```

執行結果：

```
能量均值: 0.014863775
```

## 時域特徵

聲音是波的振動，而過零率就是音訊波形穿越零點的次數。當音訊中的高頻成分比較多、或是無聲子音（如 /s/, /f/）等都會有比較高的過零率：

```
1. # 過零率
2. def zero_crossing_rate(y):
3.     """ 計算音訊的過零率 """
4.     count = 0
5.     for i in range(1, len(y)):
6.         if y[i - 1] * y[i] < 0:
7.             count += 1
8.     return count / (len(y) - 1)
9.
10. zcr = zero_crossing_rate(y[1*sr:3*sr])
11. print("過零率", zcr)
```

執行結果：

```
過零率: 0.08245084922560603
```

　　除此之外，我們還可以將音訊和其位移後的版本做相關性的計算，以得到自相關特徵，可以從這個特徵來觀察音訊（尤其是音樂）的結構：

```
1. # 自相關
2. odf = librosa.onset.onset_strength(y=y, sr=sr, hop_length=512)
3. ac = librosa.autocorrelate(odf, max_size=4 * sr // 512)
4.
5. # 繪製自相關圖
6. fig, ax = plt.subplots()
7. ax.plot(ac)
8. ax.set(title='Auto-correlation', xlabel='Lag (frames)')
9. plt.show()
```

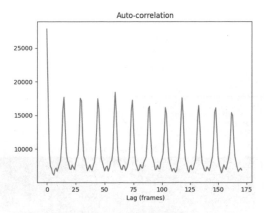

▲ 圖 4-8　自相關程度

　　對於音樂的進行，我們也可以去計算出來整段時間的 tempo 和對應的拍點：

```
1. y_sub = y[:5*sr] # 取前 5 秒的音訊
2. onset_env = librosa.onset.onset_strength(y=y_sub, sr=sr,aggregate=np.
   median)
3. tempo, beats = librosa.beat.beat_track(onset_envelope=onset_env, sr=sr)
4.
5.
```

```
6.  # 輸出節拍結果
7.  print("Tempo: {:.2f} BPM".format(tempo))
8.
9.  hop_length = 512
10. fig, ax = plt.subplots(nrows=2, sharex=True)
11. times = librosa.times_like(onset_env, sr=sr, hop_length=hop_length)
12. M = librosa.feature.melspectrogram(y=y_sub, sr=sr, hop_length=hop_
    length)
13. librosa.display.specshow(librosa.power_to_db(M, ref=np.max),
14.                          y_axis='mel', x_axis='time', hop_length=hop_
    length,
15.                          ax=ax[0])
16. ax[0].label_outer()
17. ax[0].set(title='Mel spectrogram')
18. ax[1].plot(times, librosa.util.normalize(onset_env),
19.         label='Onset strength')
20. ax[1].vlines(times[beats], 0, 1, alpha=0.5, color='r',
21.          linestyle='--', label='Beats')
22. ax[1].legend()
```

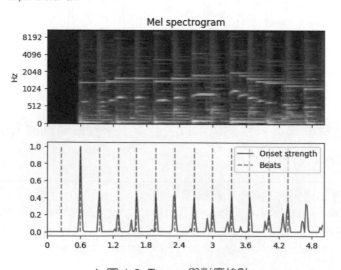

▲ 圖 4-9 Tempo 與對應拍點

（本書為黑白印刷，圖片無法呈現色彩效果，建議至 Github 上參考效果。）

## 頻域特徵

當把訊號轉換到頻域之後,我們可以得到訊號隨著時間變化下的不同音高(頻率),而在頻譜中我們又可以單純的以頻率呈現或是將對應的音名作為呈現:

```
1. # 繪製頻譜圖,分別以頻率和音名為 y 軸
2. chroma = librosa.feature.chroma_stft(S=S, sr=sr)
3. fig, ax = plt.subplots(nrows=2, sharex=True)
4. img = librosa.display.specshow(librosa.amplitude_to_db(S, ref=np.max),
5.                                  y_axis='log', x_axis='time', ax=ax[0])
6. fig.colorbar(img, ax=[ax[0]])
7. ax[0].label_outer()
8. img = librosa.display.specshow(chroma, y_axis='chroma', x_axis='time',
   ax=ax[1])
9. fig.colorbar(img, ax=[ax[1]])
```

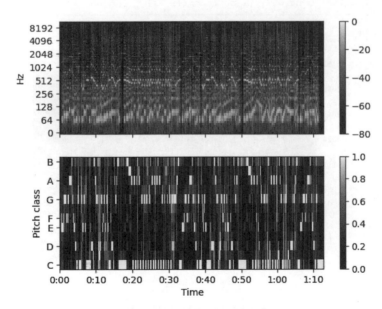

▲ 圖 4-10 頻譜圖,分別以頻率及音名為 y 軸
(本書為黑白印刷,圖片無法呈現色彩效果,建議至 Github 上參考效果。)

　　而質譜心是轉換成頻譜後，頻譜能量的重心，一般來説越集中在高
頻部分代表音色聽起來會越明亮。

```
1. def plot_spectral_centroid(y, sr):
2.     """ 繪製音訊的譜質心 """
3.     cent = librosa.feature.spectral_centroid(y=y, sr=sr)
4.     S, phase = librosa.magphase(librosa.stft(y=y))
5.     times = librosa.times_like(cent)
6.
7.     fig, ax = plt.subplots()
8.     librosa.display.specshow(librosa.amplitude_to_db(S, ref=np.max),
9.                             y_axis='log', x_axis='time', ax=ax)
10.    ax.plot(times, cent.T, label='Spectral centroid', color='w')
11.    ax.legend(loc='upper right')
12.    ax.set(title='log Power spectrogram')
13.    plt.show()
14.
15. plot_spectral_centroid(y[1*sr : 3*sr], sr)
```

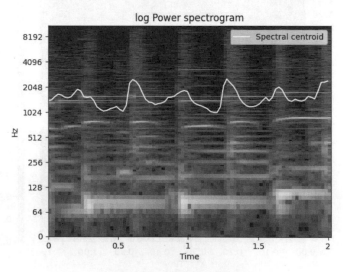

▲ 圖 4-11　頻譜及其質譜心
（本書為黑白印刷，圖片無法呈現色彩效果，建議至 Github 上參考效果。）

# 4.4.4 音訊基本處理

在這個小節，我們將會示範一些基本的音訊處理方式，包含**濾波器、時間拉伸、移調、諧波分離**等。

## 濾波器
········

既然我們都知道聲音是由不同頻率組成的，那我們是否可以只**保留或移除調特定的頻率**呢？這個時候就要交給濾波器了，而一般來說根據要過濾對象的不同可以分為三種濾波器：

- 低通濾波器（Low Pass Filter, LPF）：某個頻率以上的聲音會被移除。
- 高通濾波器（High Pass Filter, HPF）：某個頻率以下的聲音會被移除。
- 帶通濾波器（Band Pass Filter, BPF）：只保留某個頻率範圍內的聲音。

以下為三者的程式範例，建議讀者實際執行過後聽看看這之間的聽感有什麼不同吧：

```
1. # 低通濾波器
2. def low_pass_filter(y, sr, cutoff_frequency):
3.     nyquist = 0.5 * sr
4.     normalized_cutoff = cutoff_frequency / nyquist
5.     b, a = scipy.signal.butter(4, normalized_cutoff, btype='low')
6.     filtered_signal = scipy.signal.lfilter(b, a, y)
7.     return filtered_signal
8.
9. y_low = low_pass_filter(y, sr, 500)
10. Audio(y_low, rate=sr) # 過濾 500Hz 以下的頻率後的音訊
1. # 高通濾波器
```

```
2. def high_pass_filter(y, sr, cutoff_frequency):
3.     nyquist = 0.5 * sr
4.     normalized_cutoff = cutoff_frequency / nyquist
5.     b, a = scipy.signal.butter(4, normalized_cutoff, btype='high')
6.     filtered_signal = scipy.signal.lfilter(b, a, y)
7.     return filtered_signal
8. y_high = high_pass_filter(y, sr, 2000)
9. Audio(y_high, rate=sr) # 過濾 2000Hz 以上的頻率後的音訊
1. # 帶通濾波器
2. def band_pass_filter(y, sr, low_frequency, high_frequency):
3.     nyquist = 0.5 * sr
4.     normalized_low = low_frequency / nyquist
5.     normalized_high = high_frequency / nyquist
6.     b, a = scipy.signal.butter(4, [normalized_low, normalized_high],
   btype='band')
7.     filtered_signal = scipy.signal.lfilter(b, a, y)
8.     return filtered_signal
9. y_band = band_pass_filter(y, sr, 500, 2000)
10. Audio(y_band, rate=sr) # 只保留 500~2000Hz 的頻率的音訊
```

## 時間拉伸

我們在看影片的時候可能會需要加速會減速，這個時候就需要進行時間拉伸：

```
1. # 時間拉伸
2. y_stretched = librosa.effects.time_stretch(y, 2)   # 速度變成原本的 2 被，時間
   被拉伸為原本的 1/2
3. Audio(y_stretched, rate=sr)
```

## 移調

在唱 KTV 的時候有用過升 key 或降 key 嗎？我們可以透過對一段聲音進行移調來達成這個效果：

```
1. # 移調
2. shifted_signal = librosa.effects.pitch_shift(y, sr, 12) # 音高上升 12 個半音
3. Audio(shifted_signal, rate=sr)
```

## 諧波 - 打擊分離（HPSS）

　　諧波打擊分離（Harmonic-Percussive Source Separation, HPSS）是一種將聲音訊號分解成和聲成分（樂器和人聲等連續音）和敲擊成分（鼓點和節奏等瞬時音）的方式：

```
 1. import matplotlib.pyplot as plt
 2.
 3. y_harm, y_perc = librosa.effects.hpss(y)
 4.
 5. # 繪製波形
 6. plt.figure(figsize=(12, 6))
 7. plt.subplot(3, 1, 1)
 8. librosa.display.waveshow(y, sr=sr, alpha=0.5)
 9. plt.title('Original Waveform')
10.
11. plt.subplot(3, 1, 2)
12. librosa.display.waveshow(y_harm, sr=sr, alpha=0.5)
13. plt.title('Harmonic Waveform')
14.
15. plt.subplot(3, 1, 3)
16. librosa.display.waveshow(y_perc, sr=sr, alpha=0.5)
17. plt.title('Percussive Waveform')
18.
19. plt.tight_layout()
20. plt.show()
```

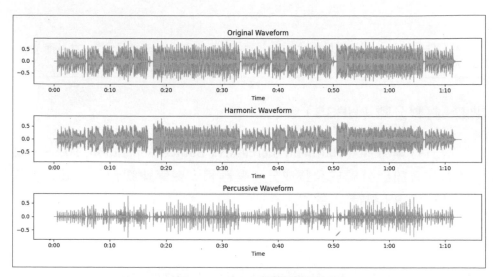

▲ 圖 4-11 hpss 分離前後的波形

我們也可以從圖中看到從原本的音訊中分離出來的打擊成分是比較有固定節拍的。

# 4.5 文字資料原理

## 4.5.1 引言

如果說是什麼讓人類與其他物種如此不同，那想必就是文字和語言的存在了吧。因為有文字，我們得以記錄歷史、傳遞知識、表達情感和思想，並將這些無形的資產傳承給後代。文字資料無處不在，從古老的石碑、卷軸，到現代的書籍、網路文章，再到社群媒體、電子郵件等各種形式，都是人類智慧和經驗的結晶。

在這個章節，我將會為你解答在第二章的時候提到一個問題——
「電腦是如何理解文字的」；並向你介紹所謂的自然語言處理（NLP）的
基本概念，以及文字資料的各種表示方法；最後會介紹一些文字資料的
分析方向提供讀者參考。

# 4.5.2 文字與語義

**文字資料的基本單位**

從語義的角度來看，文字資料從細到廣大概可以分成以下單位：

1. 字元（Character）：文字資料的最小單位，包括字母、數字、標
   點符號等。

2. 單詞（Word）：由一個或多個字元組成，具有特定意義的語言單
   位，一般來說單詞是語言表達的基本元素。

3. 句子（Sentence）：由一個或多個單詞組成，具有完整語法結構
   和語意的語言單位，通常以標點符號（如句號、問號等）作為結
   束標記。

4. 段落（Paragraph）：由一個或多個句子組成，用於表達一個主
   題或觀點的語言單位，通常以換行符號作為分隔。

而在自然語言處理中所有的文字資料都會被經過一連串的分解為標
記的處理，這個過程稱之為**標記化**（tokenization），這些處理完的結果
則稱作**標記**（token），這些標記則是我們在各種自然語言處理和分析的
最小單位。

### 從定義出發的語義

最初，人們很自然地想要從**每一個單詞的定義**來處理文字資料和理解語義，就好像我們學習語言的時候遇到不會的內容都會去查單字一樣。這種方法嘗試以單詞的定義來捕捉其意義，並將其應用於自然語言處理任務中。例如 WordNet 這個大型的英語詞彙資料庫，它將單詞組織成一個具**有層次結構的同義詞集合**（synsets），試圖透過單詞之間的關係（如上下位關係、反義關係等）來表示語義。

然而這種方法在處理自然語言時面臨著一定的局限性，單詞的定義可能會有**歧義**、單詞的意義可能會**隨著語境的變化**而不同，這使得僅依賴單詞定義的方法難以應對歧義和語境變化的問題。此外在處理多語言資料時，這種方法也可能遇到困難，因為不同語言之間的詞彙和語法結構可能有很大差異。

### 從關係出發的語義

而後來另一種嘗讓電腦試理解語義的方法是從單詞之間的關係出發，這種方法認為單詞的意義可以**從大量的文本資料中推導出來**——即一個詞的定義可以透過它與其他詞的距離、共同出現的頻率等來獲。這種方法的優點是它可以自動地從大量的文本資料中學習語義，而無需人工標註。除此之外，這種方法可以很好地處理歧義和語境變化的問題，因為它可以根據文本中的其他單詞來調整單詞的意義。但這種方法的缺點也是顯而易見的，它需要有足夠大量的文本資料和模型尺寸才能得到比較好的成效，因此許多人使用大型組織所提供**預訓練好的模型**再做微調就是比較常見的使用方向了。

Tips

概念純粹是表示差異的，不能根據其內容從正面確定它們，只能根據
它們與系統中其他成員的關係來確定。

——索緒爾《普通語言學教程》

## 4.5.3 文字資料的基本原理

在前面的內容中我們已經反復的提到了自然語言處理（NLP）這個
詞，那它具體代表什麼意義呢？我們會在這個小節做一些簡單的介紹：

### 自然語言處理（NLP）

自然語言處理（Natural Language Processing，簡稱 NLP）是一門研究
如何讓電腦理解和處理人類語言的科學。NLP 結合了電腦科學、人工智慧
和語言學等多個領域的知識，旨在讓機器能夠讀取、理解和生成人類語
言，常被用來處理和分析大量的文字資料，提取有用的資訊和知識。

### 基本處理方式

在進行文字資料分析時，我們首先需要對原始資料進行一些基本的
處理以便後續的分析，以下是一些常見的基本處理方法：

- 標記化（Tokenization）：將文字資料分割成更小的單位，有助
  於我們更好地理解和分析文字資料的結構和內容。
  範例："Data analysis is a fascinating field." 進行 tokenization，得到
  的 tokens 為：["Data", "analysis", "is", "a", "fascinating", "field", "."]

■ **詞根提取（Stemming）**：詞幹是單詞的基本形式，通常不受時態、數量等語法變化的影響。Stemming 將單詞還原為其詞幹（stem）的形式，有助於我們將不同形式的同一單詞視為相同的概念，從而簡化分析過程。

範例：將單詞 "running", "ran", "runner" 進行 stemming，得到的詞幹為：["run", "ran", "run"]

■ **停用詞（Stopword）**：去除一些常見但對分析沒有太大意義的單詞（如介詞、冠詞等），這些單詞被稱為 stopword，可以降低資料的維度，提高分析的效率和精度。

範例：將句子 "The quick brown fox jumps over the lazy dog." 去除 stopword，得到的結果為："quick brown fox jumps lazy dog."

---

**Tips**

這邊的處理方式是屬於比較傳統 NLP 的範疇內，若是直接使用如今體量倍增的大語言模型（LLM）則比較不需要做這類的處理，因為其有足夠的參數量容納這些資訊量較低的詞彙（但是仍然有一定的價值）。而學習和認識這些文字的處理方式仍然是在處理語言資料時候有許多幫助的。

---

## 分析樹（Parse Tree）

　　分析樹（Parse Tree）是一種用於表示語法結構的樹狀圖，它可以幫助我們更好地理解句子的結構和語法關係，從而提取有用的資訊。分析樹的節點表示語法單位（如名詞、動詞等），邊表示語法關係（如主語、賓語等）。透過分析樹，我們可以對文字資料進行更深入的分析，例如情感分析、語義角色標註等。

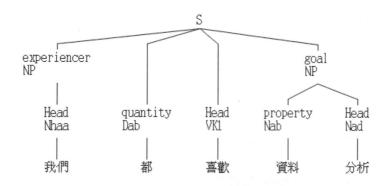

▲ 圖 4-12 中研院中文剖析系統所產生的分析樹

## 4.5.4 文字資料的進階理解

在基本原理中我們了解了如何將文字資料分解為更小的單位，並對其進行初步的處理。然而要進一步分析和理解文字資料，我們還需要將這些單位轉換為數字表示，才可以利用各種數學和統計方法來挖掘文字資料中的潛在資訊。本節將介紹文字資料的幾種特徵表示方法，包括稀疏表示、嵌入表示和序列表示：

### 稀疏表示：詞頻統計、TF-IDF

稀疏表示方法通常將文字資料表示為高維度、稀疏的數字向量。這些方法的主要特點是簡單易懂，但可能無法捕捉到詞語之間的相關性和語境資訊，常見的有：

1. **詞頻統計（Term Frequency, TF）**：將文本表示為單詞出現次數的向量，其中每個維度對應一個單詞。這種方法可以幫助我們了解文本中哪些詞語是主題性的，但可能無法捕捉到詞語之間的相關性。

2. **TF-IDF**：全稱為詞頻 - 逆文本頻率（Term Frequency-Inverse Document Frequency），TF-IDF 是一種衡量單詞在文本中的重要性的方法，它同時考慮了單詞在文本中的出現次數（TF）和在所有文檔中的出現次數（IDF），這樣可以避免一些常見但不特別的詞影響到結果，TF-IDF 值越高表示該單詞在文本中的重要性越大。

## 嵌入表示：詞向量、句子向量

嵌入表示方法將文字資料表示為比較低維度、密集的數字向量，這些方法通常能夠捕捉到詞語之間的相關性和語境資訊，但可能需要較大的計算資源，常見的有：

1. **詞向量（Word Embedding）**：詞向量是一種將詞語映射到低維度向量空間的方法，使具有相似語義的單詞在向量空間中靠近。這些向量可以捕捉到詞語之間的相關性，並且可以用於計算詞語之間的相似度，常見的詞向量方法有 Word2Vec、GloVe 等。

2. **句向量（Sentence Embedding）**：可以想像成是詞向量的加強版，句向量是將整個句子映射到低維度向量空間的方法，可以含蓋到句子的語義和語境資訊，並且可以用於計算句子之間的相似度，常見的句子向量方法有 Doc2Vec、BERT 等。

## 序列表示：n-gram、序列模型

序列表示方法則是將文字資料表示為一系列有序的數字組合，主要希望捕捉到詞語之間的順序關係，並且可以用於分析和預測文本中的結構和模式，常見的有：

1. n-gram：n-gram 是指文本中連續出現的 n 個單元（如單詞或字元），n-gram 可以捕捉文本中的局部結構和語言模式，是一種比較基礎的特徵表示方法，經常作為建立語言模型和進行文本分類等任務的基準值。

2. **序列模型**：序列模型是一種將文本表示為有序的數字序列的方法，這些模型可以捕捉到詞語之間的順序關係，並且可以用於進行詞性標註、命名實體識別等任務，常見的序列模型有隱馬爾可夫模型（HMM）、條件隨機場（CRF）、變換器模型（Transformer）等。

## 4.5.5 文字資料的分析方向

在文字資料原理的最後，整理目前一些文字分析的常見方向介紹，讓有興趣在文字處理領域深入瞭解的讀者可以進一步研究與學習：

| 分析方向 | 描述 | 常見模型 |
|---|---|---|
| 情感分析 | 識別和提取文本中的情感資訊，分析消費者對產品或服務的態度和輿論趨勢。 | Naive Bayes、SVM、BERT |
| 文本分類 | 將文本資料分配到一個或多個預定義類別，應用於垃圾郵件過濾、新聞分類等。 | Naive Bayes、K-Means、決策樹、隨機森林、BERT、Transformer |
| 文本摘要 | 從原始文本中提取主要內容以生成簡短摘要，提高資訊檢索的效率。 | TextRank、LSA、Seq2Seq、Transformer |
| 命名實體識別 | 識別和分類文本中的特定類別實體（如人名、地名、其他專有名詞等）。 | CRF、HMM、BiLSTM-CRF、BERT |
| 機器翻譯 | 將一種語言的文本自動翻譯成另一種語言，應用於跨語言資訊檢索和國際交流。 | Seq2Seq、Transformer |

# 4.6 文字資料處理實作

## 4.6.1 文字前處理

本小節將介紹，在對文字進行正式分析之前，我們所需要進行一系列的前處理。

### 資料來源
. . . . . . . . . . .

```
1. # 以愛麗絲夢遊仙境為例
2. with open('carroll-alice.txt', 'r', encoding='UTF-8') as f:
3.     content = f.read()
4. print(content)
```

執行結果：

```
[Alice's Adventures in Wonderland by Lewis Carroll 1865]

CHAPTER I. Down the Rabbit-Hole

Alice was beginning to get very tired of sitting by her sister on the
bank, and of having nothing to do: once or twice she had peeped into the
book her sister was reading, but it had no pictures or conversations in
it, 'and what is the use of a book,' thought Alice 'without pictures or
conversation?'

So she was considering in her own mind (as well as she could, for the
hot day made her feel very sleepy and stupid), whether the pleasure
of making a daisy-chain would be worth the trouble of getting up and
picking the daisies, when suddenly a White Rabbit with pink eyes ran
close by her.
```

### 文本資料的清洗
. . . . . . . . . . . . . . . . .

在收集到文本資料後，我們需要對其進行清洗，以去除無關的符號、空格、換行符等，這邊我們使用 re 套件進行處理：

```
 1. import re  # 引入正規表達式套件，用來清洗符號
 2.
 3. def clean_text(text):
 4.     text = re.sub(r'\n', ' ', text)          # 移除換行符
 5.     text = re.sub(r'\s+', ' ', text)           # 移除多餘的空格
 6.     text = re.sub(r'\[[0-9]*\]', '', text)   # 移除參考文獻標記
 7.     return text
 8.
 9. cleaned_content = clean_text(content)
10. print(cleaned_content)
```

## 分詞與詞性標註

接下來，我們將對文本進行分詞（Tokenization）和詞性標註（Part-of-speech tagging），這裡我們使用 nltk 套件進行：

```
1. import nltk
2. nltk.download('punkt')  # 第一次使用的時候需要下載
3. nltk.download('averaged_perceptron_tagger')
4.
5. tokens = nltk.word_tokenize(cleaned_content)
6. pos_tags = nltk.pos_tag(tokens)
7.
8. print(pos_tags)
```

執行結果：

```
[nltk_data] Downloading package punkt to /Users/owo/nltk_data...
[nltk_data]   Package punkt is already up-to-date!
[nltk_data] Downloading package averaged_perceptron_tagger to
[nltk_data]     /Users/owo/nltk_data...
[nltk_data]   Package averaged_perceptron_tagger is already up-to-
[nltk_data]       date!
[('[', 'JJ'), ('Alice', 'NNP'), ("'s", 'POS'), ('Adventures', 'NNS'), ('in', 'IN'),
```

## 停用詞的移除
· · · · · · · · · · · · ·

停用詞是指在文本中經常出現，但對分析沒有太大意義的詞語。我們一樣使用 nltk 套件提供的停用詞列表來移除文本中的停用詞：

```
1. nltk.download('stopwords')
2. from nltk.corpus import stopwords
3.
4. stop_words = set(stopwords.words('english'))
5.
6. filtered_tokens = [token for token in tokens if token.lower() not in
   stop_words]
7.
8. print(filtered_tokens)
```

## 詞頻統計
· · · · · · · · · ·

最後，我們將對文本中的詞語進行詞頻統計，並使用 matplotlib 套件進行視覺化。

```
 1. from collections import Counter
 2. import matplotlib.pyplot as plt
 3.
 4. word_freq = Counter(filtered_tokens)
 5. top_words = word_freq.most_common(10)
 6.
 7. # 繪製詞頻直方圖
 8. plt.bar([word[0] for word in top_words], [word[1] for word in top_
    words])
 9. plt.xlabel('Words')
10. plt.ylabel('Frequency')
11. plt.title('Top 10 Frequent Words')
12. plt.show()
```

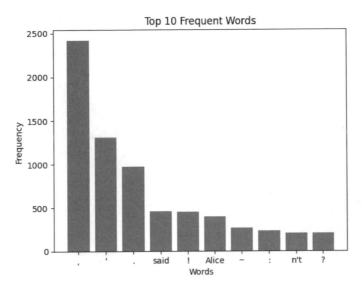

▲ 圖 4-13　出現頻率最高的 10 個詞

　　看到結果仍然有很多原本應該屬於停用詞的範圍，這個時候可以透過新增停用詞列表來調整。

## 4.6.2　關鍵詞提取

### TF / IDF

　　TF/IDF 由兩部分組成：詞頻（TF）和逆文檔頻率（IDF），詞頻表示詞語在文檔中出現的次數，而逆文檔頻率表示包含該詞語的文檔數量的倒數。TF/IDF 的值越高，表示該詞語在文檔中的重要程度越高：

```
1. # 使用 TF/IDF 進行關鍵詞提取
2. from sklearn.feature_extraction.text import TfidfVectorizer
3.
4. vectorizer = TfidfVectorizer() # 初始化 TF/IDF 向量器
5. tfidf_matrix = vectorizer.fit_transform(documents) # 計算 TF/IDF 值
```

```
 6. keywords = vectorizer.get_feature_names_out() # 提取關鍵詞
 7.
 8. # 找出 TF/IDF 值最高的前 10 個關鍵詞
 9. top_keywords = tfidf_matrix.toarray().argsort()[:, -10:][:, ::-1]
10.
11. # 顯示每篇文章的關鍵詞
12. for i in range(len(documents)):
13.     print(f"Document {i+1}:")
14.     for j in top_keywords[i]:
15.         print(f"\t{keywords[j]}", end=" ")
16.     print()
```

```
Document 1:
    python  google  material      day    written      thanks  section       sections
Document 2:
    python  offered       recommend     future  content       covers  setup   mentioned
Document 3:
    ll      python  time    course  need    learning      get     know    started       language
```

▲ 圖 4-14　使用 TF／IDF 找出來的關鍵詞

## LDA 主題模型

　　LDA（Latent Dirichlet Allocation）是一種主題模型，主題模型是一種用於從大量文檔中自動抽取主題的統計模型，可以幫助我們理解文檔集合的結構，並將相似主題的文檔進行分類。透過分析文檔中主題的分布，我們可以提取每個文檔屬於哪個主題以及該主題有哪些關鍵字：

```
1. from sklearn.decomposition import LatentDirichletAllocation
2. from sklearn.feature_extraction.text import CountVectorizer
3.
4. vectorizer = CountVectorizer() # 初始化詞頻向量器
5. word_count_matrix = vectorizer.fit_transform(documents) # 計算詞頻矩陣
6. lda = LatentDirichletAllocation(n_components=2, random_state=16) # 初始化 LDA 模型
7. lda.fit(word_count_matrix) # 擬合 LDA 模型
8. keywords = vectorizer.get_feature_names_out() # 提取關鍵詞
```

```
 9.
10.  # 找出每個主題的前 10 個關鍵詞
11.  top_keywords = lda.components_.argsort()[:, -10:][:, ::-1]
12.
13.  # 顯示每個主題的關鍵詞
14.  for i in range(len(top_keywords)):
15.      print(f"Topic {i+1}:")
16.      for j in top_keywords[i]:
17.          print(f"\t{keywords[j]}", end=" ")
18.      print()
19.
20.  # 顯示每個主題的文章
21.  for i in range(len(documents)):
22.      print(f"Document {i+1}: Topic {lda.transform(word_count_matrix[i])
         [0].argmax()+1}")
```

```
Topic 1:
      python  ll      course  time    learning        know    started         get     need    let
Topic 2:
      python  google  material        day     first   strings         written         materials
Document 1: Topic 2
Document 2: Topic 2
Document 3: Topic 1
```

▲ 圖 4-15 使用 LDA 找出來的關鍵詞與對應主題

## TextRank

TextRank 是一種基於圖形關係的算法，它將文檔中的詞語視為節點，並根據詞語之間的共現關係建立邊，可以對節點進行排序後根據排名提取關鍵詞：

```
1.  import jieba.analyse # jieba 是一個中文文字處理的套件，可以用來斷詞、關鍵字提取、
    詞性標註等等
2.
3.  keywords = jieba.analyse.textrank(text, topK=10)
4.  print("關鍵詞：", keywords)
```

關鍵詞： ['沒有', '掌櫃', '茴香豆', '粉板', '顯出', '知道', '樣子', '主顧', '碟子', '東西']

▲ 圖 4-16 使用 TextRank 找出來的關鍵詞

# 4.6.3 文字向量嵌入模型

## Word2Vec 模型原理

Word2Vec 是一種用於生成詞向量的深度學習模型，由 Google 於 2013 年提出。Word2Vec 模型有兩種架構：CBOW（Continuous Bag of Words）和 Skip-gram。

- CBOW 模型透過上下文詞語預測目標詞語。
- Skip-gram 模型則透過目標詞語預測上下文詞語。

Word2Vec 模型透過訓練大量文本資料，學習到詞語之間的語義關係，並將詞語表示為高維度的向量。

## 訓練模型

我們可以使用 Gensim 中有提供的套件來訓練模型：

```
1. import gensim
2. from gensim.models import Word2Vec
3.
4. sentences = [
5.            [" 我 ", " 喜歡 ", " 吃 ", " 蘋果 "],
6.            [" 我 ", " 不 ", " 喜歡 ", " 吃 ", " 香蕉 "],
7.            [" 我 ", " 非常 ", " 喜歡 ", " 吃 ", " 西瓜 "],
8.            [" 西瓜 ", " 是 ", " 綠色 ", " 的 ", " 水果 "],
9.            [" 香蕉 ", " 是 ", " 黃色 ", " 的 ", " 水果 "],
10.           [" 蘋果 ", " 是 ", " 紅色 ", " 的 ", " 水果 "],
```

```
11.                    ["水果", "是", "好吃", "的"],
12.                    ["我", "喜歡", "吃", "水果"],
13.                    ["樹葉", "是", "綠色", "的", "植物"],
14.                    ["玫瑰", "是", "紅色", "的", "植物"],
15.                    ["樹葉", "不", "是", "水果"]
16.          ] # 這邊使用的是簡單的例子，實際上要訓練的資料量要大很多
17.
18. # 訓練 Word2Vec 模型
19. model = Word2Vec(sentences, window=5, min_count=1, epochs=100)
20.
21. # 儲存模型
22. model.save("word2vec.model")
```

## 應用模型

在使用大量的資料訓練好模型之後，我們就可以來使用它了，常見的使用方式有以下幾種：

給定兩個詞語（要在訓練中出現過的，因此實際要運作的資料集要很大才能穩定），比較這兩個詞語的相似程度：

```
1. # 計算詞語相似度
2. model = Word2Vec.load("word2vec.model")
3. similarity = model.wv.similarity('蘋果', '香蕉')
4. print("詞語相似度:", similarity)
```

或是可以反過來，給定一個詞語去找它最接近的幾個詞語：

```
1. similar_words = model.wv.most_similar('紅色', topn=3)
2. print("最相似的詞語:", similar_words)
```

最後我們也可以使用詞向量運算做類比推理，類似香蕉之於黃色，那我們期望得到的結果便是西瓜之於綠色：

```
1. result = model.wv.most_similar(positive=['香蕉', '黃色'], negative=['西
   瓜'], topn=.)
2. print("類比推理結果：", result)
```

# 資料前處理

# 5.1 資料清理

## 5.1.1 簡介

### 資料清理的重要性

　　資料清理是數據分析過程中極其重要的一個步驟，在這個領域有一個經典的名言「Garbage in, garbage out」——如果原始資料中存在各種問題和缺陷，後續的分析和應用結果也會受到影響，因此資料清理雖然說是數據科學家和分析師工作中最耗時和繁瑣的任務之一，卻也是不可或缺的一個步驟。

　　清理數據可以讓我們更好地理解數據的內在特徵，發現潛在的模式和趨勢，從而幫助我們做出更好的決策，若是如果不進行資料清理則可能會有各種問題：

1. **分析結果不準確**：存在著缺失值、重複值、錯誤的數值或格式等問題，這些都會導致數據分析的不準確，進而對決策產生錯誤的影響。
2. **模型訓練不穩定**：模型訓練的成果是高度仰賴資料的，因此當資料不一致時，模型訓練的結果也會變得不穩定，這將影響預測的效果。
3. **浪費時間和資源**：如果在前期對於資料沒有進行過妥善的清理，在後續的過程中很有可能會需要花費更多的時間和精力來解決相關的問題，甚至需要重頭開始。

### 資料品質問題

　　當我們收集到大量的資料時，這些資料中可能存在著缺失值、重複值、錯誤的數值或格式，甚至是不一致的資料，這些都會對分析和預測的結果產生負面的影響。而常見的資料品質問題，我們大致可以歸納為以下三種情況：

1. **不一致性**：資料中的格式、單位或表示方法可能存在差異，這可能導致分析過程中的困惑和錯誤。例如日期格式可能有多種表示方式，如 "YYYY-MM-DD" 和 "MM/DD/YYYY"。

2. **不完整性**：資料中可能存在缺失值或不完整的記錄，這會影響到資料分析的準確性和可靠性。例如某些欄位可能缺少部分資訊，如客戶的電話號碼或地址。

3. **不準確性**：資料中可能存在錯誤或不真實的資訊，這可能導致分析結果出現偏差。例如錯誤的銷售金額或不正確的客戶資訊。

## 資料清理步驟

資料清理是一個非常取決於不同資料而有不同處理方式的過程，但還是有一些常見的步驟可以作為參考：

1. **檢查資料格式和型別**：在進行資料清理之前，必須先確定資料的格式和型別是否正確，這包括檢查資料是否是正確的數值型別、日期型別、文字型別等。如果資料型別不正確，需要將其轉換為正確的型別。

2. **檢查資料的完整性**：資料清理的一個重要步驟是檢查資料的完整性，包括檢查缺失值、重複值、異常值等。缺失值是指某些觀測值缺失，需要進行填補；重複值是指某些觀測值重複，需要進行刪除或合併；異常值是指某些觀測值與其他觀測值不一致，需要進行處理。

3. **處理缺失值**：缺失值是資料清理中常見的問題之一，常見的處理方法包括填補缺失值、刪除包含缺失值的觀測值等。

4. **處理重複值**：重複值是指某些觀測值在資料集中出現多次，需要進行處理以保證資料的準確性和可靠性。常見的處理方法包括刪除重複值、合併重複值等。

5. **檢查資料的一致性和準確性**：在進行資料清理之後，需要對資料進行進一步的檢查，以確保資料的一致性和準確性。這包括檢查欄位之間的關係、計算欄位統計數據等。

6. **資料的轉換和處理**：在完成上述步驟之後，可能需要進行進一步的資料轉換和處理，以滿足具體的分析需求。這包括對資料進行排序、過濾、聚合等操作，以便進行後續的分析。

## 5.1.2 資料過濾

資料過濾是指我們將根據特定條件或特徵來選擇資料子集的一個過程，這有助於我們專注於分析中最重要的資料，並去除不相關或低品質的資料。

### 條件過濾

條件過濾是根據資料中的某些條件來選擇資料子集，一般配合條件遮罩進行使用：

```
 1. import pandas as pd
 2.
 3. # 假設我們有一個包含年齡、性別和收入的資料集
 4. data = {'Age': [25, 30, 35, 40, 45],
 5.         'Gender': ['M', 'F', 'M', 'F', 'M'],
 6.         'Income': [50000, 55000, 60000, 65000, 70000]}
 7. df = pd.DataFrame(data)
 8.
 9. # 條件過濾：選擇年齡大於 30 的資料
10. filtered_data = df[df['Age'] > 30]
```

```
11. filtered_data
12.
13. # 也可以使用 query() 方法
14. filtered_data = df.query('Age > 30')
15. filtered_data
```

|   | Age | Gender | Income |
|---|-----|--------|--------|
| 2 | 35  | M      | 60000  |
| 3 | 40  | F      | 65000  |
| 4 | 45  | M      | 70000  |

## 特徵過濾

特徵過濾是根據資料中的特徵來選擇資料子集，在特徵數量特別多的時候或需要降低模型複雜度的時候會用到：

```
1. import pandas as pd
2.
3. # 假設我們有一個包含年齡、性別和收入的資料集
4. data = {'Age': [25, 30, 35, 40, 45],
5.         'Gender': ['M', 'F', 'M', 'F', 'M'],
6.         'Income': [50000, 55000, 60000, 65000, 70000]}
7. df = pd.DataFrame(data)
8.
9. # 特徵過濾：只選擇年齡和收入兩個特徵
10. filtered_data = df[['Age', 'Income']]
11. filtered_data
12.
13. # 也可以使用 drop() 方法來移除不需要的特徵
14. filtered_data = df.drop(["Gender"], axis=1)
15. filtered_data
```

|   | Age | Income |
|---|-----|--------|
| 0 | 25  | 50000  |
| 1 | 30  | 55000  |
| 2 | 35  | 60000  |
| 3 | 40  | 65000  |
| 4 | 45  | 70000  |

## 資料抽樣

資料抽樣是從資料集中隨機選擇一部分資料，有些時候對於特別大量的資料可以先抽樣出一部分來做分析：

```python
1. import pandas as pd
2.
3. # 假設我們有一個包含年齡、性別和收入的資料集
4. data = {'Age': [25, 30, 35, 40, 45],
5.         'Gender': ['M', 'F', 'M', 'F', 'M'],
6.         'Income': [50000, 55000, 60000, 65000, 70000]}
7. df = pd.DataFrame(data)
8.
9. # 資料抽樣：隨機選擇 3 個樣本
10. sampled_data = df.sample(n=3)
11. sampled_data
```

# 5.1.3 缺失值處理

## 缺失值的種類

在動手開始處理缺失值之前，我們需要先對缺失值的產生原因做出判斷，因為這會影響到我們後面不同的處理方式

一般來說，缺失值的成因可以分成以下三種類型：

### 1. 完全隨機缺失（Missing Completely at Random, MCAR）

完全隨機缺失是指資料缺失與其他變數間無關，缺失值出現的機率對於所有觀察值均相同。在這種情況下，缺失值的出現不受其他變數的影響。對於完全隨機缺失，刪除資料或填補缺失值的方法通常可以達到良好效果。

　　假設我們正在研究一群人的健康狀況，並收集了體重、身高、年齡等資料。其中，部分受訪者未提供體重資料，這些缺失值的出現與其他變數（如身高、年齡）無關，且缺失值的機率對所有受訪者都相同。在這種情況下，我們認為體重資料的缺失屬於完全隨機缺失。

## 2. 隨機缺失（Missing at Random, MAR）

　　隨機缺失是指資料缺失與其他變數存在某種關係。換句話說，缺失值的出現與其他變數有關，但在給定其他變數的情況下，缺失值仍然是隨機的。在這種情況下，我們可能需要使用模型預測方法來填補缺失值，以避免產生偏差。

　　仍以健康狀況研究為例，假設在同一份調查中，部分受訪者未提供收入資訊。這些缺失值的出現可能與其他變數（如年齡、教育程度）有關，但在給定其他變數的情況下，收入資料的缺失仍然是隨機的。例如，年齡較大的受訪者可能較不願意提供收入資訊，但在同一年齡層中，缺失值的出現仍然是隨機的。這種情況下，我們認為收入資料的缺失屬於隨機缺失。

## 3. 非隨機缺失（Missing Not at Random, MNAR）

　　非隨機缺失是指資料缺失與缺失值本身有關。在這種情況下，缺失值的出現與其他變數及缺失值本身有關。對於非隨機缺失，填補方法的選擇較為複雜，可能需要使用多重插補、引入虛擬變數等方法。

　　假設在某次滿意度調查中，我們收集了顧客對服務的評價。其中，部分顧客未提供評價。這些缺失值的出現可能與評價本身有關，即對服務不滿意的顧客更可能不提供評價。在這種情況下，我們認為評價資料的缺失屬於非隨機缺失。

## 缺失值處理方法

### 方法一：使用統計值填充

此方法為最簡單的填充方式，常見的方法包括：

- 平均值。
- 中位數。
- 內插值（適用於連續資料中間缺失的情況）。

優點：在一定程度上，統計值可以代表該組資料的情況，適用於資料完全隨機缺失的情況。

缺點：

- 可能受極端值影響。
- 代表性可能不足，如缺失值超過 15% 時，可能不適合以此方法填補。

需要注意的是，這裡的統計值可能不適用於順序、類別或名目尺度的資料。

### 方法二：依賴模型預測

在此方法中，我們使用其他欄位來預測缺失值。常用的模型包括：

- KNN：用附近的值進行填充的方法。
- RandomForest：簡單且直接的方法。
- BayesModel：基於條件機率的一種方法。

優點：填充值具有多樣性，適用於缺失欄位與其他欄位具有一定關係的情況。

缺點：

- 缺失欄位與現存欄位之間的關係不確定，可能影響不同模型的效果。
- 具有缺失值的資料可能對資料的預測能力產生一定程度的影響。

## 方法三：引入虛擬變數（dummy variable）

此方法的核心概念是透過一個變數來標記資料是否具有缺失值。

優點：對原始資料無任何更動，適用於填入任意值可能影響原始資料意義的情況。

缺點：事實上並未真正填充缺失值，而是將判斷責任交給後續模型。

## 方法四：人工再標注

若資料可以進行人工標注，則可以透過人工方式或自行標注。

優點：若資料可以重新標注，則此方法可能具有最高的準確率。

缺點：

- 費時費力，效率較低。
- 對於記錄當下情況的資料，可能無法進行人工再標注。

## 方法五：刪除資料

此方法的核心概念是將具有缺失值的資料刪除。

優點：由於未進行填充，因此所有存在的資料都是真實的。

缺點：

- 可能會刪除過多的資料。

■ 後續訓練出來的模型在面對真實情況時，適應能力可能較低，因
  為模型只接觸過理想的情況。

## 缺失值處理實作

在要處理缺失值之前，我們需要先檢測出來有哪些欄位有缺失值，
這個時候可以使用 pandas 的 isnull() 方法：

```
1. import pandas as pd
2. import numpy as np
3.
4. # 假設我們有一個包含年齡、性別和收入的資料集，其中有一些缺失值
5. data = {'Age': [25, np.nan, 35, 40, 45],
6.         'Gender': ['M', 'F', 'M', np.nan, 'M'],
7.         'Income': [50000, 55000, np.nan, 65000, 70000]}
8. df = pd.DataFrame(data)
9.
10. # 檢測缺失值
11. missing_values = df.isnull()
12. missing_values
```

刪除含有缺失值的資料，是最簡單的方法，在資料數量充足且刪除
缺失值不影響結果的時候可以使用：

```
1. # 刪除含有缺失值的資料
2. df_dropna = df.dropna()
3. df_dropna
```

使用統計值等填充也是常見的簡單方法，但不適合缺失比例過高的
時候使用：

```
1. # 使用平均值填充缺失值
2. df_filled = df.fillna(df.mean())
3. df_filled
```

對於連續型變數,我們可以使用插值法來填充缺失值:

```
1. # 使用插值法填充缺失值
2. df_interpolated = df.interpolate()
3. df_interpolated
```

# 5.1.4 重複值處理

## 資料去重步驟

### 1. 識別重複記錄

首先,需要確定哪些記錄是重複的。這可以透過比較整行數據或某些特定列(如唯一標識符)來實現。例如,如果兩個樣本具有相同的身份證號和姓名,則可以將它們視為重複記錄。

### 2. 選擇去重策略

選擇合適的去重策略取決於數據集的特性和分析目的。以下是一些常見的去重策略:

- 保留第一次出現的記錄,刪除後續的重複記錄。
- 保留最後一次出現的記錄,刪除先前的重複記錄。
- 保留具有最大(或最小)特定特徵值的記錄。
- 根據某些特徵的平均值或其他統計函數合併重複記錄。

### 3. 執行去重操作

實際執行去重操作時,可以使用各種程式語言或數據分析工具。例如,在 Python 的 pandas 庫中,可以使用 drop_duplicates 函數來實現資料去重。

4. 驗證結果

　　在完成去重操作後，應驗證結果的正確性。這可以透過檢查去重後的數據集中是否存在重複記錄來實現。如果去重操作正確執行，則重複記錄的數量應該為零。

### 資料去重實作

　　詳見 [3.2 pandas] 章節的介紹。

## 5.1.5　離群值處理

### 什麼時候需要處理離群值

　　離群值是指在資料集中與其他資料點有顯著差異的資料點，離群值可能是由於錯誤、異常情況或者是真實的極端值所導致，但也有可能是資料本身的分佈就比較廣，因此不同於缺失值是一定有問題，離群值的處理與否往往和要進行下一步的處理有關。若要進行的分析方法是比較不會受到離群值影響的如樹模型等則未必需要做處理，但如果是有做到平均或是比較線性的計算等類型則會建議根據離群值數量和分佈程度來處理。

### 離群值的檢測方法

　　一般來說，離群值的檢測方法主要分使用圖形方法檢測或以統計方法檢測。

　　圖形方法主要是透過繪製資料的散點圖、箱形圖等來直觀地觀察資料的分布情況，從而識別離群值：

```
1. # 使用箱形圖檢測離群值
2. import numpy as np
```

```
3. import matplotlib.pyplot as plt
4.
5. # 生成一個包含離群值的資料集
6. data = np.concatenate((np.random.normal(0, 1, 100), np.array([8, 9,
   10])))
7.
8. # 繪製箱形圖
9. plt.boxplot(data)
10. plt.show()
```

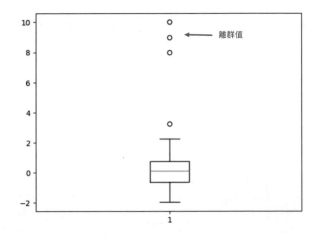

統計方法主要是透過計算資料的統計量（如平均值、標準差等）來判斷資料點是否為離群值：

```
1. # 使用統計學方法檢測離群值
2. import numpy as np
3.
4. # 生成一個包含離群值的資料集
5. data = np.concatenate((np.random.normal(0, 1, 100), np.array([8, 9, 10])))
6.
7. # 計算平均值和標準差
8. mean = np.mean(data)
9. std = np.std(data)
10.
```

```
11. # 設定離群值判斷閾值 ( 通常為平均值加減 2 倍標準差 )
12. threshold = 2 * std
13.
14. # 檢測離群值
15. outliers = data[(data < mean - threshold) | (data > mean + threshold)]
16.
17. print(" 離群值 :", outliers)
```

## 離群值的處理方法

類似於缺失值的處理，離群值的處理方法常見有以下幾種：

- 刪除：直接將離群值從資料集中移除。
- 補值：用其他資料點的平均值、中位數等統計量替代離群值。
- 轉換：對資料進行對數、平方根等轉換，減小離群值的影響。

```
1. import numpy as np
2.
3. # 生成一個包含離群值的資料集
4. data = np.concatenate((np.random.normal(0, 1, 100), np.array([8, 9,
   10])))
5.
6. # 計算平均值和標準差
7. mean = np.mean(data)
8. std = np.std(data)
9.
10. # 設定離群值判斷閾值 ( 通常為平均值加減 2 倍標準差 )
11. threshold = 2 * std
12.
13. # 檢測離群值
14. outliers = data[(data < mean - threshold) | (data > mean + threshold)]
15.
16. # 處理離群值：刪除
17. data_without_outliers = data[(data >= mean - threshold) & (data <= mean
    + threshold)] # 離群值: [ 8.  9. 10.]
18.
```

```
19. # 處理離群值：補值（使用平均值）
20. data_filled = data.copy()
21. data_filled[(data < mean - threshold) | (data > mean + threshold)]
    # array([ 8.,  9., 10.])
```

# ▶ 5.2 資料轉換

## 5.2.1 前言

　　將原始資料經過一定的處理和變換，使其更加適應特定的分析方法和機器學習模型，這樣的過程稱作資料轉換。適當的資料轉換可以讓我們提高模型的性能，以更少的模型複雜度達到更好的效果。本章節中我們將介紹一些資料分析中常見的資料轉換方法，包含以下內容：

1. **特徵選擇**：從原始資料中篩選出最具代表性和預測能力的特徵，降低模型的複雜度，提高計算效率。

2. **資料類型轉換**：將連續型的資料與類別型的資料之間進行轉換，以適應不同情況的需求，其中連續轉類別的方法包括：分箱法、分位數法、二值化。

3. **資料編碼**：將類別型資料轉換成數值型資料，使機器學習模型能夠更方便的處理這些資料，例如獨熱編碼 (One-hot Encoding)、類別編碼 (Label Encoding) 等。

4. **資料縮放**：將資料縮放到相同的尺度，使得機器學習模型更容易處理，例如使用最小最大縮放（Min-Max Scaling）或標準化（Standardization）。

5. **分佈轉換**：將比較不適合用來模型學習的分佈，轉換成更適合模型處理的分佈形式，例如 Box-Cox 轉換、對數轉換等。

6. **資料增強**：生成新的資料點來擴充訓練資料集，提高模型的泛化
   能力，例如對圖像進行旋轉、翻轉等操作。

## 5.2.2 特徵選擇

### 什麼是特徵選擇？

在進行資料分析時，我們通常會遇到具有大量不同特徵的資料集。
然而，並不是所有特徵對於我們的分析預測目標有幫助，甚至有些特徵
可能會對模型產生負面影響。因此特徵選擇的目的是從原始資料中選擇
對目標變數具有高度相關性的特徵，以降低模型的複雜度，提高模型的
泛化能力，並減少過擬合的風險。

而特徵選擇（Feature Selection）是指在資料分析過程中，從原始資
料集中選擇出對預測目標變量有貢獻的特徵子集的過程。特徵選擇進行
特徵選擇的目的是降低模型的複雜度、提高模型的預測準確性、減少過
擬合以及提高計算效率。

### 常見特徵選擇方法

常見特徵選擇方法主要有三種：過濾法、包裹法和嵌入法。

過濾法（Filter Method）：這種方法是根據特徵本身的統計特性來評
估特徵的重要性，然後選擇重要性高的特徵子集。常用的過濾法有：方
差分析、相關係數、卡方檢驗等。

```
1. # 使用相關係數進行特徵選擇
2. import pandas as pd
3. import numpy as np
4. # 設定隨機種子
```

```
 5. np.random.seed(1234)
 6. # 假設有一個資料集，包含 5 個特徵和 1 個目標變量
 7. data = pd.DataFrame(np.random.rand(100, 6), columns=['F1', 'F2', 'F3',
    'F4', 'F5', 'Target'])
 8.
 9. # 計算特徵與目標變量之間的相關係數
10. correlations = data.corr()['Target'].drop('Target')
11.
12. # 選擇相關係數絕對值大於 0.1 的特徵
13. selected_features = correlations[abs(correlations) > 0.1].index
14. print("Selected features:", selected_features)
15.
```

執行結果：

```
Selected features: Index(['F1', 'F3', 'F4', 'F5'], dtype='object')
```

▲ 以過濾法篩選相關係數所得到的特徵

包裹法（Wrapper Method）：這種方法是使用某種機器學習算法作為評估標準，透過不斷地添加或刪除特徵來評估模型的性能。常用的包裹法有：遞迴特徵消除法（RFE）等。

```
 1. # 使用遞迴特徵消除法進行特徵選擇
 2. from sklearn.datasets import load_iris
 3. from sklearn.feature_selection import RFE
 4. from sklearn.linear_model import LogisticRegression
 5.
 6. # 載入鳶尾花資料集
 7. iris = load_iris()
 8. X = iris.data
 9. y = iris.target
10. feature_names = iris.feature_names
11.
12. # 使用遞迴特徵消除法選擇特徵
13. estimator = LogisticRegression(solver='lbfgs', multi_class='auto', max_
```

```
     iter=1000)
14. selector = RFE(estimator, n_features_to_select=2, step=1)
15. selector = selector.fit(X, y)
16.
17. # 顯示選擇的特徵
18. print("Selected features:", [feature for feature, selected in
    zip(feature_names, selector.support_) if selected])
```

執行結果：

```
Selected features: ['petal length (cm)', 'petal width (cm)']
```

▲ 以 RFE 選擇的特徵

嵌入法（Embedded Method）：這種方法是在模型訓練過程中自動進行特徵選擇。常用的嵌入法有：Lasso 回歸、決策樹等。

```
1.  # 使用 Lasso 回歸進行特徵選擇
2.  from sklearn.datasets import load_iris
3.  from sklearn.linear_model import Lasso
4.
5.  # 載入鳶尾花資料集
6.  iris = load_iris()
7.  X = iris.data
8.  y = iris.target
9.  feature_names = iris.feature_names
10.
11. # 使用 Lasso 回歸進行特徵選擇
12. lasso = Lasso(alpha=0.1)
13. lasso.fit(X, y)
14.
15. # 顯示選擇的特徵
16. selected_features = np.array(iris.feature_names)[lasso.coef_ != 0]
17. print("Selected features:", selected_features)
```

執行結果：

```
Selected features: ['petal length (cm)']
```

▲ 以 Lasso 回歸選擇的特徵

## 5.2.3 資料類型轉換

在資料分析過程中，我們經常會遇到不同類型的資料，例如連續資料和類別資料。這些不同類型的資料需要經過適當的轉換，以便更好地應用於後續的分析和建模。本節將介紹資料類型轉換的基本概念，以及連續資料與類別資料之間的轉換方法。

### 連續資料與類別資料的差別

連續資料是指在一定範圍內可以無限細分的資料，例如身高、體重等。類別資料是指將資料劃分為若干類別的資料，例如性別、學歷等。連續資料和類別資料在資料分析中具有不同的特點，需要使用不同的方法進行處理。

### 連續轉類別方法

1. 分箱法（Binning）：將連續資料分為多個區間，每個區間作為一個類別。例如：將年齡分為「0-18 歲」、「19-35 歲」、「36-60 歲」等區間。

2. 分位數法（Quantile-based discretization）：將連續資料分為多個區間，每個區間包含相同數量的資料點。例如：將成績分為「前 25%」、「25%-50%」、「50%-75%」、「後 25%」等區間。

3. 二值化（Binarization）：將連續資料轉換為二元類別資料。例
如：將收入大於等於某個閾值的設為 1，否則設為 0。

Python 程式範例：

```
1. import pandas as pd
2. import numpy as np
3. from sklearn.preprocessing import KBinsDiscretizer, Binarizer
4.
5. # 假設有一個 DataFrame，包含年齡和收入兩個連續型特徵
6. data = pd.DataFrame({
7.     'age': [25, 45, 37, 19, 55, 28, 35, 40],
8.     'income': [50000, 70000, 55000, 30000, 80000, 48000, 60000, 65000]
9. })
10.
11. # 分箱法
12. age_discretizer = KBinsDiscretizer(n_bins=3, encode='ordinal',
    strategy='uniform')    # 以等寬法分成三組
13. data['age_category'] = age_discretizer.fit_transform(data['age'].values.
    reshape(-1, 1))
14.
15. # 分位數法
16. income_discretizer = KBinsDiscretizer(n_bins=4, encode='ordinal',
    strategy='quantile')    # 以四分位數為分界點
17. data['income_category'] = income_discretizer.fit_
    transform(data['income'].values.reshape(-1, 1))
18.
19. # 二值化
20. binarizer = Binarizer(threshold=50000)    # 以 50000 為分界點，大於則為 1，
    小於則為 0
21. data['high_income'] = binarizer.fit_transform(data['income'].values.
    reshape(-1, 1))
22.
23. data
```

執行結果：

| | age | income | age_category | income_category | high_income |
|---|---|---|---|---|---|
| 0 | 25 | 50000 | 0.0 | 1.0 | 0 |
| 1 | 45 | 70000 | 2.0 | 3.0 | 1 |
| 2 | 37 | 55000 | 1.0 | 1.0 | 1 |
| 3 | 19 | 30000 | 0.0 | 0.0 | 0 |
| 4 | 55 | 80000 | 2.0 | 3.0 | 1 |
| 5 | 28 | 48000 | 0.0 | 0.0 | 0 |
| 6 | 35 | 60000 | 1.0 | 2.0 | 1 |
| 7 | 40 | 65000 | 1.0 | 2.0 | 1 |

## 類別轉連續方法

有時候，我們需要將類別資料轉換為連續資料，以便進行後續的分析。資料編碼是實現類別轉連續的一種常用方法，將在下一章節「資料編碼」中詳細介紹。

# 5.2.4 資料編碼

## 什麼是資料編碼？

資料編碼是將類別型資料轉換為數值型資料的過程。在資料分析中，很多機器學習算法需要將類別型資料轉換為數值型資料，以便進行數學運算。資料編碼的方法有很多，以下將介紹三種常見的資料編碼方法：類別編碼、獨熱編碼、目標編碼。

## 資料編碼方法

　　**類別編碼**（Label Encoding）：類別編碼是將類別資料轉換為整數的過程。每個類別都會被賦予一個整數，例如：類別 A 編碼為 0，類別 B 編碼為 1，類別 C 編碼為 2，依此類推。

```
1. import pandas as pd
2. from sklearn.preprocessing import LabelEncoder
3.
4. data = {'Category': ['A', 'B', 'A', 'C', 'B', 'C']}
5. df = pd.DataFrame(data)
6.
7. encoder = LabelEncoder()
8. df['Encoded_Category'] = encoder.fit_transform(df['Category'])
9. print(df)
```

　　執行結果：

| | Category | Encoded_Category |
|---|---|---|
| 0 | A | 0 |
| 1 | B | 1 |
| 2 | A | 0 |
| 3 | C | 2 |
| 4 | B | 1 |
| 5 | C | 2 |

▲ 類別編碼

　　**獨熱編碼**（One-Hot Encoding）：獨熱編碼是將類別資料轉換為二進制向量的過程。每個類別都會被賦予一個二進制向量，向量的長度等於類別的總數，向量中只有一個位置為 1，其餘位置為 0。

```
 1. import pandas as pd
 2. from sklearn.preprocessing import OneHotEncoder
 3.
 4. data = {'Category': ['A', 'B', 'A', 'C', 'B', 'C']}
 5. df = pd.DataFrame(data)
 6.
 7. encoder = OneHotEncoder()
 8. encoded_data = encoder.fit_transform(df[['Category']]).toarray()
 9. encoded_df = pd.DataFrame(encoded_data, columns=encoder.categories_)
10. print(encoded_df)
```

執行結果：

|   | A | B | C |
|---|---|---|---|
| 0 | 1.0 | 0.0 | 0.0 |
| 1 | 0.0 | 1.0 | 0.0 |
| 2 | 1.0 | 0.0 | 0.0 |
| 3 | 0.0 | 0.0 | 1.0 |
| 4 | 0.0 | 1.0 | 0.0 |
| 5 | 0.0 | 0.0 | 1.0 |

▲ 獨熱編碼

**目標編碼（Target Encoding）**：目標編碼是根據類別資料與目標變量之間的關係來編碼的過程。每個類別都會被賦予一個與目標變量相關的數值。

```
 1. import pandas as pd
 2. from sklearn.preprocessing import LabelEncoder
 3.
 4. data = {'Category': ['A', 'B', 'A', 'C', 'B', 'C'],
 5.         'Target': [1, 0, 1, 0, 0, 1]}
 6. df = pd.DataFrame(data)
 7.
```

```
 8. mean_encoding = df.groupby('Category')['Target'].mean()
 9. df['Encoded_Category'] = df['Category'].map(mean_encoding)
10. print(df)
```

執行結果：

| | Category | Target | Encoded_Category |
|---|---|---|---|
| 0 | A | 1 | 1.0 |
| 1 | B | 0 | 0.0 |
| 2 | A | 1 | 1.0 |
| 3 | C | 0 | 0.5 |
| 4 | B | 0 | 0.0 |
| 5 | C | 1 | 0.5 |

▲ 目標編碼

## 5.2.5 資料縮放

### 為什麼需要縮放資料？

．．．．．．．．．．．．．．．．．．．．．．

　　資料縮放是將資料的數值範圍縮放到一個特定區間的過程。在資料分析中不同特徵的數值範圍可能相差很大，某些機器學習算法（如支持向量機和 K- 均值聚類）的性能可能會因此受到影響。而在進行資料縮放後可以避免這些問題，以提高模型的性能。

### 資料縮放方法

．．．．．．．．．．．．．．．．

1. **正規化（Normalization）**：正規化是將資料縮放到 0 和 1 之間的一種方法，公式如下：

$$X_{normalized} = \frac{(X - X_{min})}{(X_{max} - X_{min})}$$

其中，$X$ 是原始資料，$X_{min}$ 和 $X_{max}$ 分別是資料的最小值和最大值。

2. **標準化（Standardization）**：標準化是將資料縮放到均值為 0，標準差為 1 的過程，公式如下：

$$X_{standardized} = \frac{(X - X_{mean})}{X_{std}}$$

其中，$X$ 是原始資料，$X_{mean}$ 和 $X_{std}$ 分別是資料的均值和標準差。

程式範例如下：

```
1. import numpy as np
2. from sklearn.preprocessing import MinMaxScaler, StandardScaler
3.
4. # 假設有以下資料
5. data = np.array([[1, 100], [2, 200], [3, 300]])
6.
7. # 正規化
8. scaler = MinMaxScaler()
9. normalized_data = scaler.fit_transform(data)
10. print("Normalized data:")
11. print(normalized_data)
12.
13. # 標準化
14. scaler = StandardScaler()
15. standardized_data = scaler.fit_transform(data)
16. print("Standardized data:")
17. print(standardized_data)
```

## 5.2.6 資料分布轉換

1. Box-Cox 轉換：當資料不符合常態分佈時，可以使用 Box-Cox 轉換來將資料轉換成常態分佈，用來改善資料的分佈特性，公式如下：

$$X_{transformed} = \begin{cases} \frac{X^{\lambda}-1}{\lambda}, & \text{if } \lambda \neq 0 \\ \ln(X), & \text{if } \lambda = 0 \end{cases}$$

其中，X 是原始資料，$\lambda$ 是一個可調參數，選擇合適的值以將 X 轉換成常態分佈。

2. 對數轉換（Log Transformation）：對數轉換可以用於處理具有偏態分佈的資料（例如金額、人口等），使得資料比較不會受到長尾的影響，其公式如下：

$$X_{log} = log(X)$$

程式範例如下：

```
 1. import numpy as np
 2. from scipy.stats import boxcox
 3. from sklearn.preprocessing import FunctionTransformer
 4.
 5. # 假設有以下資料
 6. data = np.array([[1, 1], [2, 4], [3, 9]])
 7.
 8. # Box-Cox 轉換
 9. transformed_data, _ = boxcox(data[:, 1])
10. print("Box-Cox transformed data:")
11. print(transformed_data)
12.
```

```
13.  # 對數轉換
14.  transformer = FunctionTransformer(np.log1p)
15.  log_transformed_data = transformer.transform(data)
16.  print("Log transformed data:")
17.  print(log_transformed_data)
```

## 5.2.7 資料增強

### 為什麼需要資料增強？

　　資料增強是一種透過對原始資料進行變換以產生新資料的方法，主要目的是擴充資料集，提高模型的泛化能力，防止過擬合。資料增強方法因資料類型而異，以下分別介紹圖像資料、文字資料和序列資料的增強方法。

### 圖像資料增強

　　根據人對於一張圖像的認知往往不會因為一些操作而影響，因此常見的圖像資料增強方法有：

1. 平移：將圖像沿 x 軸或 y 軸移動一定距離。
2. 旋轉：將圖像旋轉一定角度。
3. 縮放：將圖像放大或縮小。
4. 翻轉：將圖像水平或垂直翻轉。
5. 裁剪：從圖像中裁剪出一個子區域。
6. 亮度、對比度調整：改變圖像的亮度和對比度。
7. 雜訊添加：在圖像中添加隨機雜訊。

### 文字資料增強

根據文字資料的同義詞特性或是人類閱讀理解的特性，常見的文字資料增強方法有：

1. 同義詞替換：將句子中的單詞替換為其同義詞。
2. 隨機插入：在句子中隨機插入一些相關的單詞。
3. 隨機交換：隨機交換句子中的兩個單詞的位置。
4. 隨機刪除：隨機刪除句子中的某些單詞。

### 序列資料增強

而對於序列資料（例如時間序列資料），常見的增強方法包括：

1. 時間截取：從原始序列中截取一段子序列。
2. 時間縮放：將序列的時間間隔縮放一定比例。
3. 值縮放：將序列的值縮放一定比例。
4. 雜訊添加：在序列中添加隨機雜訊。

# ▌5.3 資料視覺化

## 5.3.1 資料視覺化

資料視覺化是將資料以圖形的方式呈現，讓人們更容易理解資料中的模式、趨勢和關聯。它是資料分析的重要組成部分，因為它可以幫助我們更直觀地理解資料，並將結果傳達給他人。

## 資料視覺化的重要性

人類是一個非常視覺的動物，在面對大量未經處理的數據的時候的理解能力往往會降低許多，這個時候透過快速、有效的視覺化方法，就可以讓我們在很短的時間能快速的認識這個資料的特性。通常做資料視覺化有一些不同的好處：

- **簡化並理解資料**：如同前面提到的，視覺化可以幫助我們把複雜的原始數據簡化成多張不同意義的圖表，簡化了我們獲取資訊的注意力成本，把心力放在更重要的部分上。

- **發現潛在趨勢**：雖然視覺化是一個比起其他不論是精準的統計數字或是模型結果來說更加不精確的做法。但也正因如此，我們在對於這份資料還缺乏明確的處理方向的時候，就很適合透過視覺化圖表的方式來探索資料中可能蘊含的潛在趨勢。

- **有效的傳遞結果**：實務上如果需要透過數據和上層的主管進行溝通，因為可能主管的擅長領域並不在此，所以我們不一定適合用資料分析的專業術語進行說明。但是因為人對於視覺化的趨勢都是有一個判斷和感覺的本能的，因此我們就可以透過合適的圖表來快速傳達資訊給主管。

## 常用視覺化套件

Python 中提供了許多不同種類的視覺化套件，常見的有：

- matplotlib：matplotlib 是 Python 中最常用的繪圖庫，它提供了一個功能強大且靈活的繪圖環境。matplotlib 支持各種圖表類型，如折線圖、柱狀圖、散點圖等。它具有高度的自定義能力，允許用戶調整圖表的各個細節，如顏色、樣式、標籤等。

■ seaborn：seaborn 是基於 matplotlib 的資料視覺化庫，它提供了更高級的圖表類型和美觀的預設主題。seaborn 簡化了許多繪圖任務，使得建立複雜的圖表變得更加容易。它還提供了一些統計功能，如線性回歸、熱力圖等。

■ plotly：plotly 是一個交互式繪圖庫，它允許用戶在圖表上進行操作，如放大、縮小、懸停等。plotly 支持各種圖表類型，如折線圖、柱狀圖、散點圖等，並具有高度的自定義能力，可以輕鬆地與其他 Python 庫（如 pandas）集成，並支持將圖表導出為靜態圖像或嵌入到網頁中。

## 5.3.2 資料視覺化實作

### 資料讀取

在本次的實作練習中，我們將會使用鳶尾花資料集和超市銷售資料集，這兩個資料集可以在以下地方找到：

■ Iris（鳶尾花）：https://archive.ics.uci.edu/ml/datasets/iris
■ Superstore（超市）：https://www.kaggle.com/datasets/addhyay/superstore-dataset

先讓我們載入資料和所需套件

```
1. import pandas as pd
2. import seaborn as sns
3. import matplotlib.pyplot as plt
4. import plotly.express as px
5. import plotly.graph_objects as go
6. import numpy as np
7.
```

```
8. iris = sns.load_dataset("iris") # 載入鳶尾花資料集
9. sales = pd.read_excel("Superstore Dataset.xlsx") # 載入超市銷售資料集
```

## 分佈類型圖表

在所有圖表類型中，最基礎的就是分佈類型的圖表了，分佈類型的圖表可以讓我們查看某個或某幾個數值特徵的分佈情況，可以用來查看資料是否有過度的偏重某一邊、是否有太多離群值、資料比較常集中在哪些地方等。

首先我們先看到的是盒狀圖，它可以畫出資料的第 1、2、3 四分位點讓我們查看資料是否分佈的比較集中，而預設會以第 1 和第 3 四分位點往外 1.5 倍的 IQR（四分位間距，即 Q1 到 Q3 的距離）作為離群值的判斷標準：

```
1. # 繪製盒狀圖
2. sns.boxplot(data=iris)
3. plt.show()
```

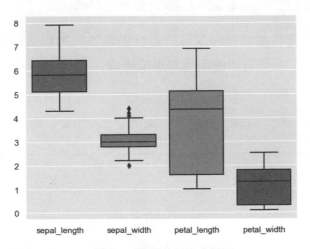

▲ 圖 5-1 鳶尾花特徵盒狀圖

若是我們覺得盒狀圖對於資料的分佈還不夠細緻，我們可以透過小提琴圖來看更加具體的分佈情況：

```
1. # 繪製小提琴圖
2. sns.violinplot(data=iris)
3. plt.show()
```

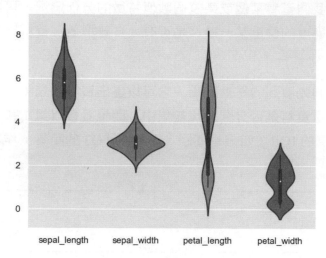

▲ 圖 5-2 鳶尾花特徵小提琴圖

對與單一個特徵如果希望可以查看它在不同的數值底下的數量和分佈情況的時候，我們可以使用直方圖來達成：

```
1. # 繪製直方圖
2. sns.histplot(data=iris, x='sepal_length', kde=True)
3. plt.show()
```

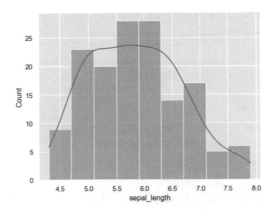

▲ 圖 5-3 萼片長度直方圖

　　回到原始的資料，我們也可以單純的將兩個不同的特徵作為 x 軸和 y 軸，將每筆資料繪製一個點在圖上，此時還可以搭配不同的類別設定不同的顏色來協助呈現

```
1. # 繪製散佈圖
2. sns.scatterplot(x='sepal_length', y='sepal_width', hue='species',
   data=iris)
3. plt.show()
```

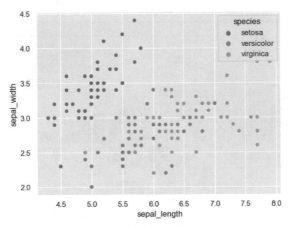

▲ 圖 5-4 鳶尾花萼片長寬散佈圖
（本書為黑白印刷，圖片無法呈現色彩效果，建議至 Github 上參考效果）

此外，我們還可以再在圖上增加其中一個特徵的維度，並以不同的圓圈的大小來表示，這便是泡泡圖：

```
1.  # 繪製泡泡圖 ( 泡泡大小代表其中一個特徵的值 )
2.
3.  # 定義顏色對應的字典
4.  colors = {'setosa': 'red', 'versicolor': 'green', 'virginica': 'blue'}
5.  # 使用 numpy 的 unique 函數找到所有不重複的類別
6.  unique_species = np.unique(iris['species'])
7.
8.  # 繪製泡泡圖，將不同類別的資料用不同顏色表示，泡泡大小則用花瓣長寬相乘表示
9.  for species in unique_species:
10.     plt.scatter(iris[iris['species'] == species]['sepal_length'],
11.                 iris[iris['species'] == species]['sepal_width'],
12.                 s=iris[iris['species'] == species]['petal_length'] *
                    iris[iris['species'] == species]['petal_width'] * 20,
13.                 alpha=0.3,
14.                 label=species,
15.                 c=colors[species])
16.
17. plt.xlabel('sepal_length')
18. plt.ylabel('sepal_width')
19. plt.legend()
20. plt.show()
```

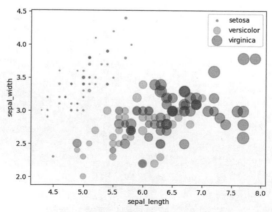

▲ 圖 5-5 鳶尾花萼片長寬泡泡圖 ( 泡泡大小為花瓣長寬相乘 )

( 本書為黑白印刷，圖片無法呈現色彩效果，建議至 Github 上參考效果 )

## 組成類型圖表

在看完一筆筆資料與資料之間關係的比較類型圖表之後，我們可以來從整體的資料上有哪些不同類別的資料所組成的下手，這便是組成類型圖表在呈現的事情。

圓餅圖是一個最基本可以用來呈現組成成分比例的圖表，不過也因為其除了呈現比例以外所能提供的資訊很少且不適合同時呈現過多的類別，所以在實務上比較少會直接使用：

```
1. # 計算各區域的銷售數量
2. region_sales = sales['Region'].value_counts()
3.
4. # 繪製圓餅圖
5. plt.figure(figsize=(4, 3))
6. plt.pie(region_sales, labels=region_sales.index, autopct='%1.1f%%',
   startangle=90) # autopct='%1.1f%%' 為顯示百分比
7. plt.axis('equal')   # 使圓餅圖為正圓形
8. plt.title('Sales by Region')
9. plt.show()
```

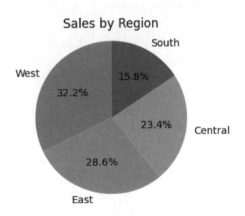

▲ 圖 5-6 銷售區域圓餅圖

　　由於單一圓餅圖所能提供的洞見非常少，所以我們可以將多個不同類型分開來，比較彼此之間的百分比組成，這就是百分比堆疊圖：

```
1.  # 先做一些資料處理
2.
3.  # 根據 Region 和 Category 對資料進行分組，計算每個組的總銷售額
4.  grouped_sales = sales.groupby(['Region', 'Category']).agg({'Sales':
    'sum'}).reset_index()
5.  # 計算每個 Region 的總銷售額
6.  total_sales_by_region = sales.groupby('Region').agg({'Sales': 'sum'})
7.  # 將每個組的銷售額除以其所屬 Region 的總銷售額，得到百分比
8.  grouped_sales['Percentage'] = grouped_sales.apply(lambda row:
    row['Sales'] / total_sales_by_region.loc[row['Region'], 'Sales'], axis=1)
9.
10. # 使用 matplotlib 繪製百分比堆疊圖
11. fig, ax = plt.subplots()
12.
13. # 繪製堆疊圖的底部位置
14. bottoms = [0, 0, 0, 0]
15.
16. # 依次繪製每個 Category 的百分比
17. for category in grouped_sales['Category'].unique():
18.     percentages = grouped_sales[grouped_sales['Category'] == category]
    ['Percentage']
19.     rects = ax.bar(grouped_sales['Region'].unique(), percentages,
    bottom=bottoms, label=category)
20.
21.     # 在每個區塊上添加百分比標記
22.     for rect, percentage in zip(rects, percentages):
23.         height = rect.get_height()
24.         ax.annotate('{:.1%}'.format(percentage),
25.                     xy=(rect.get_x() + rect.get_width() / 2,
    bottoms[int(rect.get_x())] + height / 2),
26.                     xytext=(0, 3),  # 3 points vertical offset
27.                     textcoords="offset points",
28.                     ha='center', va='bottom')
29.
```

```
30.
31.     bottoms = [x + y for x, y in zip(bottoms, percentages)]
32.
33. # 設定圖表標題和軸標籤
34. ax.set_title('Sales Percentage by Region and Category')
35. ax.set_xlabel('Region')
36. ax.set_ylabel('Percentage')
37.
38. # 顯示圖例，在圖表外面放置圖例
39. ax.legend(bbox_to_anchor=(1.05, 1), loc='upper left', borderaxespad=0.)
40.
41. # 顯示圖表
42. plt.show()
```

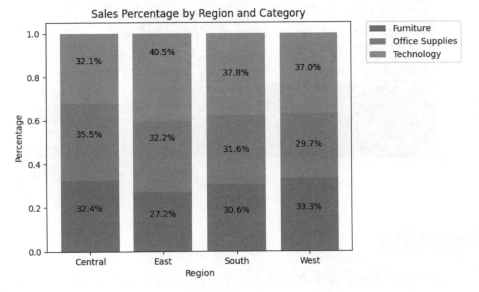

▲ 圖 5-7　商品種類與銷售區域百分比堆疊圖

　　在組成部分如果有太多類別或是彼此直接比例差異太多的時候繪製圓餅圖會比較難看的出來資訊，因此這個時候我們也可以用透過面積代表組成比例的矩形樹狀圖（Treemap）來達成：

```
1. # 計算每個子類別的總銷售額
2. sales_by_subcategory = sales.groupby('Sub-Category')['Sales'].sum().
   reset_index()
3.
4. # 使用 plotly 繪製 Treemap
5. 圖 5-= px.treemap(sales_by_subcategory, path=['Sub-Category'],
   values='Sales',
6.                    title='Sales by Sub-Category')
7. fig.show()
```

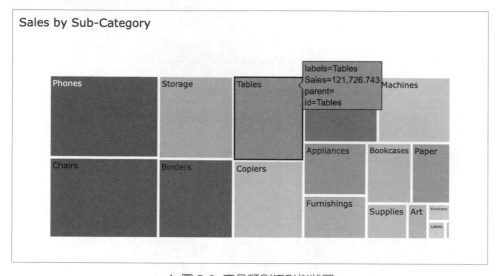

▲ 圖 5-8 商品類別矩形樹狀圖

## 比較類型圖表

在呈現完整體的組成內容之後，我們可能就會需要深入到各不同的
特徵下做進一步的呈現，不論是對於特徵與特徵的比較或是類別與類別
之間的比較都是由比較類型圖表來達成的。

讓我們一樣先從簡單的開始，取出某個特徵去查看不同類別在這個
特徵下是否會有明顯的差異，這個時候可以用長條圖：

```
1.  # 繪製長條圖
2.  plt.figure(figsize=(12, 6))
3.  ax = sns.barplot(x="species", y="sepal_length", data=iris)
4.
5.  # 設定圖表標題和軸標籤
6.  ax.set_title("Sepal Length by Species")
7.  ax.set_xlabel("Species")
8.  ax.set_ylabel("Sepal Length")
9.
10. # 顯示圖表
11. plt.show()
```

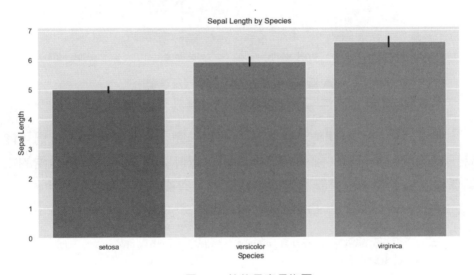

▲ 圖 5-9 花萼長度長條圖

有的時候我們的資料會有很多組的變數，你需要**大概**的看一下這些變數之間的關係，但又不需要到去畫出 Correlation 那麼細，這個時候平行座標圖絕對是你的好選擇：

```
1. from pandas.plotting import parallel_coordinates
2. parallel_coordinates(iris, 'species')
3. plt.show()
```

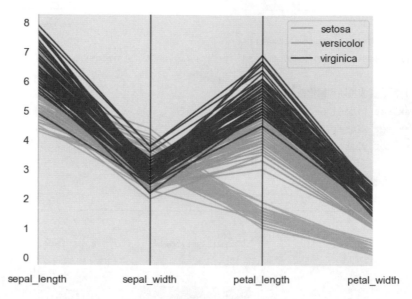

▲ 圖 5-10 鳶尾花特徵平行座標圖

（本書為黑白印刷，圖片無法呈現色彩效果，建議至 Github 上參考效果）

通常我們的資料欄位直接其實並不會是完全沒有關係的，它們可能有正相關或是負相關，那這個時候我們可以計算特徵欄位直接兩兩的相關係數並繪製熱力圖來查看哪些特徵之間是有高度正／負相關的：

```
1. # 提取數值型欄位
2. numerical_columns = ['sepal_length', 'sepal_width', 'petal_length',
   'petal_width']
3.
4. # 計算數值型欄位之間的相關性
5. correlation_matrix = iris[numerical_columns].corr()
6.
7. # 繪製熱力圖
8. plt.figure(figsize=(8, 6))
9. sns.heatmap(correlation_matrix, annot=True, cmap='coolwarm')
10. plt.title('Iris Dataset - Heatmap of Feature Correlations')
11. plt.show()
```

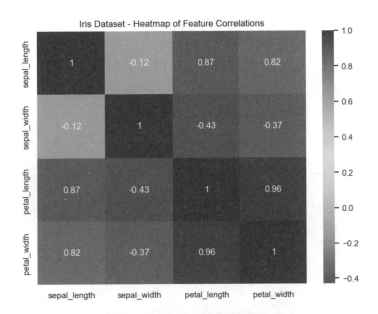

▲ 圖 5-11 鳶尾花特徵相關熱力圖

（本書為黑白印刷，圖片無法呈現色彩效果，建議至 Github 上參考效果）

## 變化類型圖表

最後，當這些圖表從單一時間點的數值呈現，拆分成不同時間下的趨勢的時候就是適合使用變化類型的圖表了。

若將資料單純以時間作為區分，我們可以使用折線圖繪製某個數值它在不同時間下的變化歷史：

```
1. # 將 Order Date 轉換為 datetime 格式
2. sales['Order Date'] = pd.to_datetime(sales['Order Date'])
3.
4. # 將 Order Date 設置為索引
5. sales.set_index('Order Date', inplace=True)
6.
7. # 按月匯總銷售額
```

```
8.  monthly_sales = sales['Sales'].resample('M').sum()
9.
10. # 繪製折線圖
11. plt.figure(figsize=(12, 6))
12. plt.plot(monthly_sales)
13. plt.xlabel('Month')
14. plt.ylabel('Sales')
15. plt.title('Monthly Sales')
16. plt.show()
```

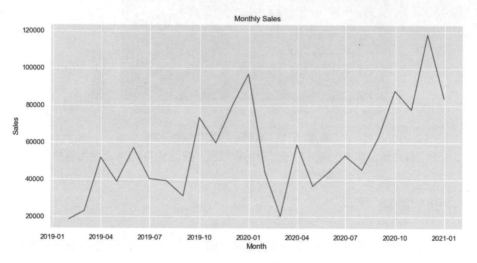

▲ 圖 5-12 銷售量折線圖

　　若資料是固定週期（例如每月）呈現的，我們還可以進一步去計算每個月和前一個月的數字變化量，那便是瀑布圖：

```
1.  # 計算每個月的銷售額變化
2.  monthly_sales_diff = monthly_sales.diff().dropna()
3.
4.  # 繪製瀑布圖
5.  fig, ax = plt.subplots(figsize=(12, 6))
6.  monthly_sales_diff.plot(kind='bar', ax=ax)
7.  ax.set_xlabel('Month')
```

```
 8. ax.set_ylabel('Sales Change')
 9. ax.set_title('Monthly Sales Change')
10. plt.xticks(range(len(monthly_sales_diff)), [x.strftime('%Y-%m') for x in
    monthly_sales_diff.index], rotation=45)
11. plt.show()
```

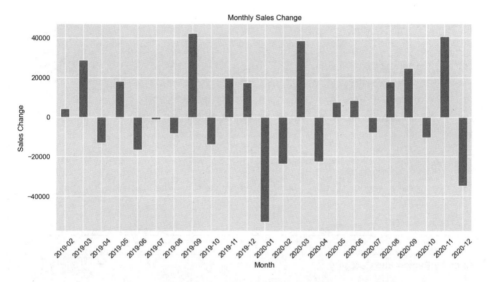

▲ 圖 5-13 每月銷售變化瀑布圖

　　而桑基圖則用於顯示流量在不同階段之間的轉換情況或不同類別之間的組成情況，我們這邊以一個顯示不同區域和產品類別之間銷售額作為繪製桑基圖的範例：

```
1. import plotly.graph_objects as go
2.
3. # 計算區域和產品類別之間的銷售額
4. region_category_sales = sales.groupby(['Region', 'Category'])['Sales'].
   sum().reset_index()
5.
6. # 建立桑基圖
7. 圖 5-= go.Figure(go.Sankey(
```

```
8.      arrangement="snap",
9.      node=dict(
10.         pad=15,
11.         thickness=20,
12.         line=dict(color="black", width=0.5),
13.         label=["Central", "East", "South", "West", "Furniture", "Office
    Supplies", "Technology"],
14.         color="blue"
15.     ),
16.     link=dict(
17.         source=[0, 0, 0, 1, 1, 1, 2, 2, 2, 3, 3, 3],
18.         target=[4, 5, 6, 4, 5, 6, 4, 5, 6, 4, 5, 6],
19.         value=region_category_sales['Sales'].values
20.     )
21. ))
22.
23. fig.update_layout(title_text="Sales by Region and Category", font_
    size=10)
24. fig.show()
```

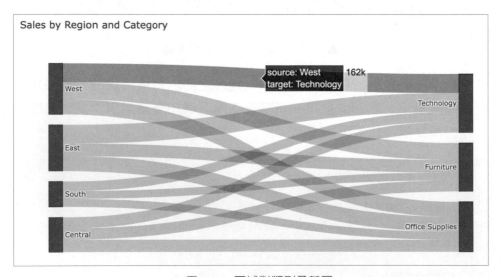

▲ 圖 5-14 區域對類別桑基圖

CHAPTER

# 06
# 其他專題補充

# 6.1 探索式分析（EDA）

## 6.1.1 探索式資料分析（EDA）

探索式資料分析（Exploratory Data Analysis，簡稱 EDA）是一種在正式分析之前，對資料進行初步觀察與瞭解的過程，通常包括資料視覺化、統計摘要和檢查資料品質等方法，以便更好地理解資料的特徵、結構和潛在問題。

### EDA 的目的

EDA 的主要目的是讓分析師對資料有一個直觀的理解，並從中發現潛在的模式、趨勢和異常，這對於後續的資料處理和建模過程至關重要，因為它可以幫助我們確定哪些變數可能對預測結果有影響，以及哪些變數之間可能存在相互關係。除此之外，EDA 還可以幫助我們檢測資料中的錯誤和缺失值，從而提高分析的準確性和可靠性。

### 與傳統統計學的差別

傳統統計學主要關注對資料進行推斷和預測，通常需要對資料進行假設檢定和建立數學模型。而 EDA 則更注重對資料的描述和視覺化，以便更直觀地理解資料的特徵和結構，透過對資料進行探索和實驗，來發現潛在的模式和關係。

兩者之間的最大差別在於它們的目標和方法：EDA 的目標是對資料進行初步的瞭解，並為後續的分析和建模提供基礎；而傳統統計學則主要關注對資料進行推斷和預測，通常涉及到更嚴格的統計假設和方法。

然而，EDA 和傳統統計學其實並非是相互排斥的。在許多情況下，EDA
是傳統統計學的一個重要前置步驟，幫助我們選擇合適的統計方法和模
型。

## AutoEDA 是什麼

　　AutoEDA（自動探索式資料分析）是一種利用自動化技術和工具來
進行 EDA 的方法，目的是簡化和加速 EDA 過程。AutoEDA 工具通常提
供一系列預設的資料視覺化和統計摘要，以幫助資料分析師快速瞭解資
料的特徵和結構，一些 AutoEDA 工具還具有智能建議功能，可以根據
資料的特點自動選擇合適的視覺化和分析方法。

## 6.1.2 實作：用 AutoEDA 對資料做初步探索

## 資料準備

　　本次我們使用的是在資料分析中很常被用來練習特徵工程的一個資
料集——鐵達尼號生存資料，這個資料集包含了泰坦尼克號上乘客的資
訊，如年齡、性別、票價等，這個資料集的目標是預測乘客是否在災難
中生還。

　　資料可以在 Kaggle 上找到：https://www.kaggle.com/c/titanic

```
1. import pandas as pd
2. df = pd.read_csv("titanic.csv")
```

## 產生報告

我們可以使用 pandas_profiling 這個套件來輕鬆的產生出一份
AutoEDAEDA 報告：

```
1. from pandas_profiling import ProfileReport
2. profile = ProfileReport(df, title="Auto EDA in Titanic Dataset")
3. profile.to_file("diabetes_Titanic.html")
```

## 檢查整體資料

拿到報告第一步，我們要先看的是 Overview 的地方，檢查資料的
筆數、特徵類型數量、重複值數量：

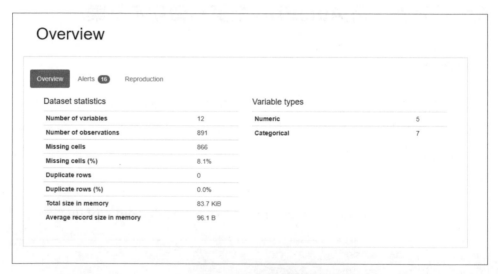

▲ 圖 6-1 檢查整體資料

切換到 Alerts 頁面，我們可以看到工具自動判斷完資料集之後提出來的潛在建議可以檢查：

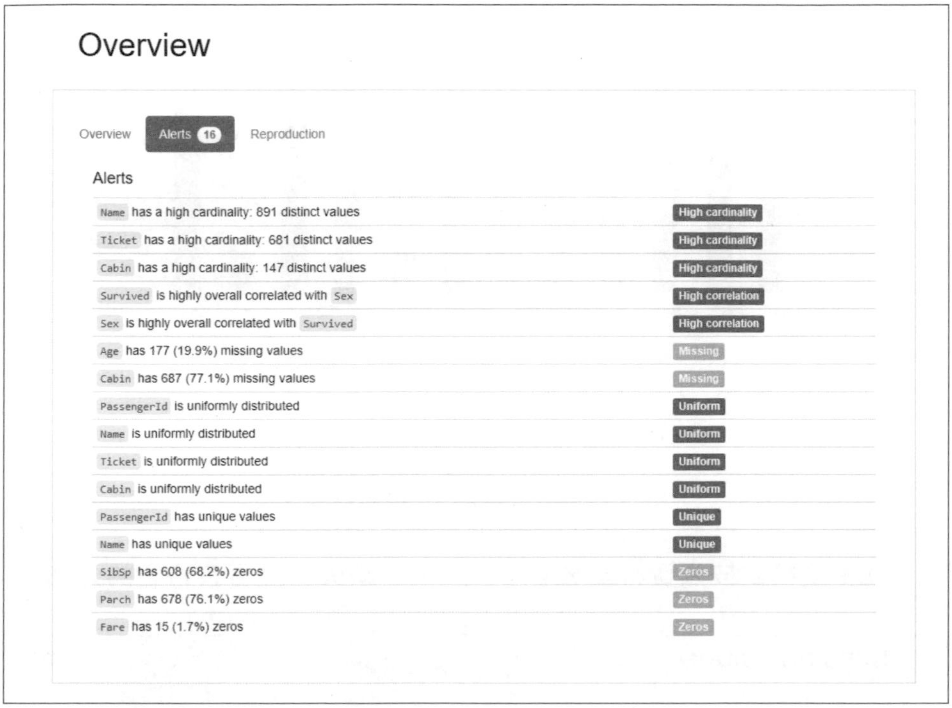

▲ 圖 6-2 檢查潛在問題

其中像是名稱或是票之類的欄位，發現幾乎都是非重複值是很合理的，而在這邊也可以看到一些欄位有高度相關的提示。

## 檢查缺失值

在底下的 Missing Values 區塊，我們可以檢查資料的不同欄位有多少缺失值：

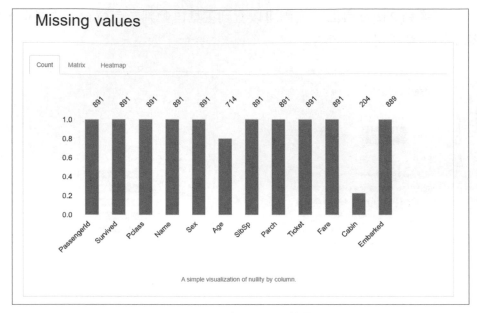

▲ 圖 6-3　查看缺失值數量

或是切換到按照資料筆數順序排序，看缺失值是否有特定的分佈：

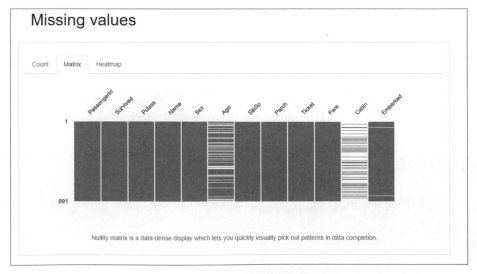

▲ 圖 6-4　查看缺失值分佈

## 檢查個別特徵

在看完整體之後，我們可以針對單一的特徵進行探索，以下使用年齡「Age」作為範例，我們可以看到資料的重複程度、一些基本的統計值、缺失的比例、分佈等資訊：

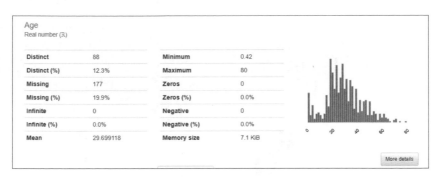

▲ 圖 6-5　年齡（Age）特徵的資訊

如果對資料有進一步瞭解的需求，我們可以從右下角的 More details 進行查看，可以看到更詳細的分佈或是極端值等，像是從這邊我們可以看出來這些最小不到 1 的年齡應該是專門記錄嬰兒的：

| Value | Count | Frequency (%) |
|---|---|---|
| 0.42 | 1 | 0.1% |
| 0.67 | 1 | 0.1% |
| 0.75 | 2 | 0.2% |
| 0.83 | 2 | 0.2% |
| 0.92 | 1 | 0.1% |
| 1 | 7 | 0.8% |
| 2 | 10 | 1.1% |
| 3 | 6 | 0.7% |
| 4 | 10 | 1.1% |
| 5 | 4 | 0.4% |

Statistics　Histogram　Common values　Extreme values

Minimum 10 values　Maximum 10 values

More details

▲ 圖 6-6　查看最大／最小的極端值

## 檢查特徵間關係

在看完單一特徵之後，我們也可以根據特徵之間的相關係數矩陣來查看是否特徵直接有存在特別高的正相關或負相關：

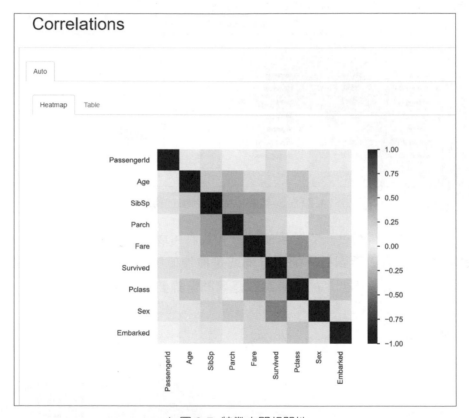

▲ 圖 6-7　特徵之間相關性

（本書為黑白印刷，圖片無法呈現色彩效果，建議至 Github 上參考效果。）

以上圖為例，我們可以發現性別和生存與否有高度正相關、而在船上親人數量則和年齡有高度負相關……這些發現都對於最後驗證我們的模型都是有幫助的。

# ▶ 6.2 網頁爬蟲

## 6.2.1 爬蟲概念介紹

在資料分析的學習過程中，我們經常使用現成的資料集作為範例。然而，有時候我們也希望能夠分析一些與眾不同或者更貼近實際情境的資料。在這種情況下，具備獲取資料的能力將非常方便。

其中一種獲取資料的方法是透過網路爬蟲，讓程式可以自動瀏覽網頁並提取所需的資料。透過爬蟲我們可以從網路上獲取各種不同類型的資料，例如新聞文章、股市報價、社群媒體上的留言等等。進而探索並收集自己所需的資料，而不僅僅依賴現成的資料集。這樣一來就可以更好地了解真實世界中的資料情境，並適應各種不同的分析需求。

在開始正式學習網路爬蟲之前，想讓我們了解一下網頁的組成以及瀏覽器是如何呈現網頁的吧。

### 網頁是由什麼組成的？

當我們在瀏覽器中輸入一個網址並按下 Enter，瀏覽器就會開始載入並顯示相應的網頁。那麼，網頁究竟由什麼組成呢？

> **Tips**
>
> 網頁其實和程式一樣，就只是一堆文字而已。

不過就像不同的程式語言有不同的語法，網頁頁面實際上也是遵循著特定的規則來記錄的內容，一般都是遵循 HTML（HyperText Markup Language）的形式來記錄內容。

當然只有內容還不足以讓我們的網頁畫面如此豐富，以下是網頁的幾個主要組成部分：

- HTML：用於描述網頁的結構和內容。它包含了標籤（tags），用來標示不同的元素，例如標題、段落、圖片、連結等等。

- CSS：用於描述網頁的外觀和樣式，它定義了如何呈現 HTML 元素，包括字型、顏色、佈局、大小等等。

- JavaScript：為網頁添加互動和動態效果，網頁的內容或行為，例如處理表單輸入、改變元素的屬性、發送網路請求等等。

## 我們用瀏覽器看到了什麼？

我們在瀏覽器中輸入網址並按下 Enter 鍵後，瀏覽器會向網頁伺服器發送請求，獲取網頁的 HTML、CSS 和 JavaScript 等檔案。瀏覽器會根據這些檔案的內容來解析並繪製網頁，最後將網頁以圖形化的方式呈現給我們。因此，當我們用瀏覽器查看一個網頁時，我們實際上看到的是瀏覽器解析並繪製後的結果。

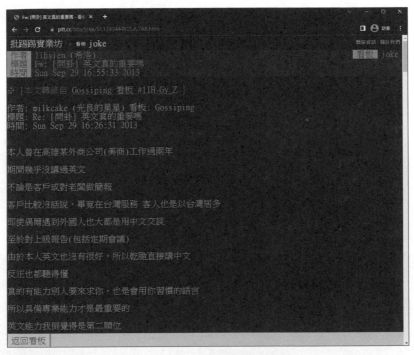

▲ 圖 6-8 瀏覽器畫面

## 瀏覽器看到了什麼？

瀏覽器在解析網頁時，實際上是在處理一個巨大的樹狀結構，這個結構被稱為「文件物件模型」（DOM, Document Object Model）。DOM 是由 HTML 標籤所組成的，每個標籤都代表著網頁上的一個元素，例如段落、圖片或連結。瀏覽器會根據 DOM 的結構來渲染網頁，並透過 CSS 和 JavaScript 來改變元素的外觀和行為。因此，要想成功地進行網頁爬蟲，我們需要學會如何解析和操作 DOM，從而提取出我們所需的資料。

若想要查看瀏覽器取得的內容為何，我們只要在網頁的空白處右鍵選擇「檢視網頁原始碼」（Chrome）或是「檢視頁面來源」（Edge）就可以看到這個頁面的原始 html 是長得怎樣了。

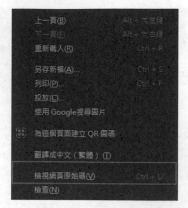

▲ 圖 6-9 查看網頁原始碼

▲ 圖 6-10 網頁原始碼內容

（本書為黑白印刷，圖片無法呈現色彩效果，建議至 Github 上參考效果。）

　　不過正因為我們不是電腦，在沒有什麼經驗的時候面對這麼大量的原始碼內容當然會不太方便，這個時候我們可以使用瀏覽器提供的開發人員工具來協助。

　　在網頁空白的地方按右鍵並選擇「檢查」後，瀏覽器就會開啟一個區塊呈現網頁原始碼的內容，但是會是有將一層一層的格式進行折疊整理起來的。若滑鼠指到不同的原始碼區塊的時候，原始網頁的對應區塊也會亮起來提醒你。而若是無法在開發人員工具的版面中找到網頁上物件所對應的原始碼的時候，也可以直接從右鍵原始要查看的物件並選擇「檢查」，在開發人員工具中就會跳轉並展開到對應的內容了哦。

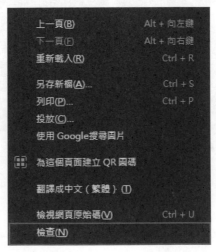

▲ 圖 6-11　開啟檢查工具

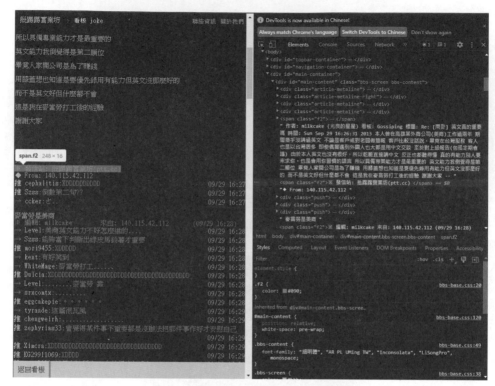

▲ 圖 6-12 使用檢查工具查看對應元素

## 什麼是爬蟲？

　　說明完網頁的基本結構之後，讓我們來聊一下什麼是爬蟲？網路爬蟲（Web Crawler）是一種自動瀏覽網頁並提取資料的程式。它的運作原理是從一個或多個起始網址開始，逐一解析網頁內容，並根據指定的規則提取所需資料。在提取資料的過程中，爬蟲還可以發現網頁中的其他連結，並將這些連結加入待訪問的網址清單，進一步擴展爬蟲的範圍。透過這樣的方式，網路爬蟲可以在網路上自動地搜尋、瀏覽和提取大量資料，大大降低了手動搜集資料的時間和成本。

爬蟲的應用範圍非常廣泛，例如搜尋引擎（如 Google、Bing 等）就是利用爬蟲來搜集網路上的資訊，然後將這些資訊建立索引，以便用戶能夠快速地搜尋到相關網頁。此外爬蟲還可以用於資料分析、市場調查、競爭對手分析、社群媒體監控等各種場景。因此對於資料分析師來說，若學會如何使用網路爬蟲，可以獲取到更多、更有價值的資料，從而提高分析的準確性和可靠性。

## 常見爬蟲工具

網路上有許多現成的爬蟲工具和函式庫，這些工具可以幫助我們快速地開發和部署爬蟲程式，讓我們快速的認識一下常見的工具有哪些：

- Requests：Requests 可以讓我們輕鬆地向網頁伺服器發送 HTTP 請求，並獲取網頁的原始內容。與 Python 內建的 urllib 模組相比，Requests 具有更簡潔的 API 和更豐富的功能，例如支援自動處理 Cookies、設定超時時間、設定代理等。通常在進行網頁爬蟲時，我們會先使用 Requests 來獲取網頁的 HTML 內容，然後再利用其他工具（如 Beautiful Soup、lxml 等）來解析和提取資料。

- Beautiful Soup：它可以用來解析 HTML 和 XML 文件，並提取其中的資料。Beautiful Soup 具有簡單易用的 API，並且支援多種解析器，如 lxml、html5lib 等。使用 Beautiful Soup 時，我們可以透過標籤名稱、屬性、CSS 類別等方式來定位和提取網頁元素，非常方便。

- Selenium：Selenium 是一個網頁測試框架，它可以模擬真實用戶的操作，如點選按鈕、輸入文字等。雖然 Selenium 的主要用途是網頁測試，但它也可以用作網路爬蟲，尤其是在處理動態網頁和需要用戶互動的網頁時。Selenium 支援多種程式語言（如 Python、Java、C# 等）和瀏覽器（如 Chrome、Firefox、Edge 等），並提供了豐富的 API，讓我們可以靈活地控制瀏覽器的行為。

- Scrapy：Scrapy 提供了一整套的工具和函式庫，讓我們可以輕鬆地開發和部署爬蟲程式。Scrapy 具有高度模組化的設計，支援多種資料儲存格式（如 JSON、CSV 等），並且可以與其他 Python 函式庫（如 Beautiful Soup、lxml 等）無縫集成。此外，Scrapy 還提供了強大的擴展能力，我們可以透過自定義中間件、管道等組件來擴展 Scrapy 的功能，以滿足各種特殊需求。

在本章的內容中，我們會透過 Request 和 Beautiful Soup 進行基礎爬蟲的示範，若是對爬蟲技能有進一步的訓練需求的話，推薦可以參考《Python 網路爬蟲：大數據擷取、清洗、儲存與分析 王者歸來（第二版）》。

## 6.2.2 網頁爬蟲實作

### 背景設定

在這一份的實作內容中，我們將會扮演一個希望可以搜集 PTT joke 板上某種笑話類型的笑話愛好者，透過以下步驟來為你示範要如何進行網頁爬蟲：

- 取得某篇 PTT 文章的貼文內容。
- 取得該篇文章的作者資訊。

- 取得該篇文章的留言內容。
- 透過搜尋關鍵字來取得所有相關文章列表。
- 將所有內容進行儲存以便後續分析。

## 分析頁面結構

在撰寫爬蟲程式之前，我們會先直接用瀏覽器打開我們要爬取的網站，然後透過開發人員工具的「檢查」功能來檢查我們需要爬取的對象是以什麼樣子的格式進行呈現的，然後再根據這個對象的各種特徵進行篩選，常見的篩選方式有：

在這邊我們先以作者資訊為例，發現它屬於 article-meta-value 這個 class。

▲ 圖 6-13 作者資訊的元素類別

而底下的留言則屬於 f3 push-content 的 class。

▲ 圖 6-14 推文的元素類別

## 取得內容並解析

爬蟲的第一步就是要先取得網頁的內容,因此這邊我們使用 requests 套件,它可以代替我們向網站伺服器發送一個請求並獲得回應。

- request.get(url):使用 GET 方式取得網頁內容。

- 回傳的物件為 Response 型態,可以透過 Response.text 取得網頁內容:
  - 若狀態碼為 200:表示成功取得網頁內容。
  - 若狀態碼為 4xx:通常是使用者端的某些問題而導致沒有收到內容。
  - 若狀態碼為 5xx:通常是伺服器端的某些問題而導致沒有收到內容。

```
1. import requests # requests 是一個 Python HTTP 請求套件,可以用來向網站發送各種
   HTTP 請求
2.
3. URL = "https://www.ptt.cc/bbs/joke/M.1380444935.A.7A8.html" # PTT joke 版
   某篇文章的網址
4.
5. response = requests.get(URL)
6. response # <Response [200]> 代表成功
```

```
1. # 透過 text 屬性可以取得網頁原始碼
2. response.text
```

```
<!DOCTYPE html>
<html>
        <head>
                <meta charset="utf-8">


<meta name="viewport" content="width=device-width, initial-scale=1">


<title>Fw: [問卦] 英文真的重要嗎 - 看板 joke - 批踢踢實業坊</title>
<meta name="robots" content="all">
<meta name="keywords" content="Ptt BBS 批踢踢">
<meta name="description" content="作者: milkcake (光良的星星) 看板: Gossiping
標題: Re: [問卦] 英文真的重要嗎
時間: Sun Sep 29 16:26:31 2013
本人曾在高雄某外商公司(美商)工作過兩年
期間幾乎沒講過英文
">
<meta property="og:site_name" content="Ptt 批踢踢實業坊">
<meta property="og:title" content="Fw: [問卦] 英文真的重要嗎">
<meta property="og:description" content="作者: milkcake (光良的星星) 看板: Gossiping
標題: Re: [問卦] 英文真的重要嗎
時間: Sun Sep 29 16:26:31 2013
本人曾在高雄某外商公司(美商)工作過兩年
期間幾乎沒講過英文
">
```

▲ 圖 6-15　網頁原始碼文字

　　若是直接查看未解析過的網頁原始碼，會發現內容非常雜亂，且不易閱讀。 因此我們需要使用 BeautifulSoup 來協助我們，將網頁內容解析成格式化的資料，以利後續的處理。

- BeautifulSoup（response.text, "lxml"）：將網頁內容解析成格式化的資料，其中的參數如下：
  - response.text：網頁內容。
  - lxml：解析器，也有其他選項，例如：
    ▸ lxml：使用 lxml 解析器。
    ▸ html.parser：使用 html.parser 解析器。
    ▸ html5lib：使用 html5lib 解析器。

```
1. from bs4 import BeautifulSoup # 注意這邊是從 bs4 這個套件中，引入 BeautifulSoup
   這個類別
2.
3. soup = BeautifulSoup(response.text, "html.parser")
4. soup # 格式化排版後的網頁內容
```

接下來我們就要嘗試取得它的文章標題，在前面的步驟我們已經有發現到它的 class 類型，因此這邊我們就可以用 BeautifulSoup 的 select() 來幫我們找到 class 為 article-meta-value 的結果有哪些了。

```
1. article_meta_values = soup.select(".article-meta-value") # 記得要加 .
2. article_meta_values
```

```
[<span class="article-meta-value">lihsien (希洛)</span>,
 <span class="article-meta-value">joke</span>,
 <span class="article-meta-value">Fw: [問卦] 英文真的重要嗎</span>,
 <span class="article-meta-value">Sun Sep 29 16:55:33 2013</span>]
```

▲ 圖 6-16  article-meta-value 類型元素

這邊發現說它的同一個頁面中會有四個結果，並且他們除了內容文字以外都相同，這個時候若檢查多個頁面都是同樣的格式的時候，我們就可以用元素順序的方式來將它們分出來。

```
1. post_author = article_meta_values[0].text
2. post_category = article_meta_values[1].text
3. post_title = article_meta_values[2].text
4. post_time = article_meta_values[3].text
5.
6. print(f" 作者：{post_author}\n",
7.       f" 看板：{post_category}\n",
8.       f" 標題：{post_title}\n",
9.       f" 時間：{post_time}\n")
10.
```

```
作者：lihsien (希洛)
看板：joke
標題：Fw: [問卦] 英文真的重要嗎
時間：Sun Sep 29 16:55:33 2013
```

▲ 圖 6-17 取得了文章基本資訊

而在留言列表的部分，我們一樣先取得 class 為 f3 push-content 的結果

```
1.  # 找出所有 class 為 "f3 push-content" 的 tag
2.  push_contents = soup.select(".f3.push-content")  # 記得要把空格換成點
3.  push_contents
```

```
[<span class="f3 push-content">:XDDDDDDDDDD</span>,
 <span class="f3 push-content">:倒數第二句??</span>,
 <span class="f3 push-content">:亡..</span>,
 <span class="f3 push-content">:美商英文能力不好怎麼進的....</span>,
 <span class="f3 push-content">:能夠當下判斷出綠馬鈴薯才重要</span>,
 <span class="f3 push-content">:XDDDDD</span>,
 <span class="f3 push-content">:有好笑到</span>,
 <span class="f3 push-content">:麥當勞打工......</span>,
 <span class="f3 push-content">:XDDDDDDDDDDDDDDDDDDDDDDDDDDDDDDDDDDDDDDDDDD</span>,
 <span class="f3 push-content">:........麥當勞 靠</span>,
 <span class="f3 push-content">:.........</span>,
 <span class="f3 push-content">:‧‧‧‧‧‧</span>,
 <span class="f3 push-content">:這篇很瓦風</span>,
 <span class="f3 push-content">:..................</span>,
 <span class="f3 push-content">:會覺得某件事不重要都是沒辦法把那件事作好才安慰自己</span>,
 <span class="f3 push-content">:XDDDDDDDDDDDDDDDDDDDDDDDDDDDDDDDDDDDDDDD</span>,
```

▲ 圖 6-18 push-content 類別元素

在前面的方式中，我們會發現若直接用 f3 push-content 去取得內容，只會留下留言的內容，但是無法取得留言的其他資訊（例如：留言者、留言時間）。

因此這邊可以對過程進行調整，先找出每一則推文內容的上一層的物件，再取得它底下的各種資訊：

```
1. # 找出所有 class 為 "push" 的 tag
2. pushes = soup.select(".push")
3. pushes[0] # 先看看第一個推文的結構
```

```
<div class="push"><span class="hl push-tag">推 </span><span class="f3 hl pus
</span></div>
```

▲ 圖 6-19 push 的結構

```
 1. # 以 pushes[0] 為例
 2. # 分別找出 "hl push-tag", "f3 hl push-userid", "f3 push-content", "f3
    push-ipdatetime" 的 tag
 3. push_tag = pushes[0].select_one(".hl.push-tag").text
 4. push_userid = pushes[0].select_one(".f3.hl.push-userid").text
 5. push_content = pushes[0].select_one(".f3.push-content").text
 6. push_ipdatetime = pushes[0].select_one(".push-ipdatetime").text
 7.
 8. print(f" 推文類型：{push_tag}\n",
 9.       f" 推文作者：{push_userid}\n",
10.       f" 推文內容：{push_content}\n",
11.       f" 推文時間：{push_ipdatetime}\n")
```

```
推文類型：推
推文作者：cephalitis
推文內容：:XDDDDDDDDDD
推文時間： 09/29 16:27
```

▲ 圖 6-20 取得留言的資訊

## 進階：跨頁面處理

　　在爬完單一頁面的內容之後，讓我們進一步設計一個可以搜尋特定關鍵字並把所有相關文章都爬取下來的爬蟲吧。

首先先讓我們在瀏覽器頁面上進行搜尋關鍵字，然後發現瀏覽器顯示的網址 URL 隨之發生了變化，那對於這種只需要修改網址就能取得內容的網頁是不需要模擬就能爬取的。

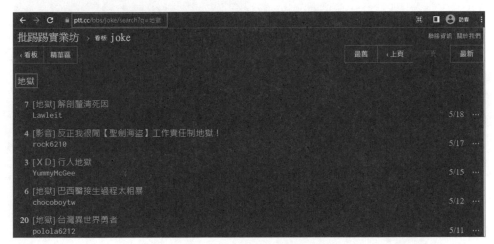

▲ 圖 6-21 瀏覽器網址會隨頁面變化

所以我們可以一樣的使用基本的 requests 進行 HTTP 的請求：

```
1. import requests
2. from bs4 import BeautifulSoup
3.
4. BOARD = "joke" # 欲搜尋的看板
5. KEYWORD = "地獄" # 欲搜尋的關鍵字
6. SEARCH_URL = f"https://www.ptt.cc/bbs/{BOARD}/search?page=1&q={KEYWORD}"
7. response = requests.get(SEARCH_URL)
8. soup = BeautifulSoup(response.text, "lxml")
```

然後在這個頁面上，透過檢查工具來找到文章資訊所在的物件屬性。

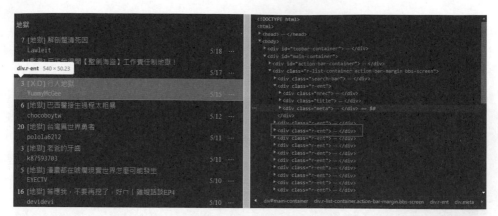

▲ 圖 6-22 尋找文章資訊的物件

於是我們就跟前面處理單一文章中留言類似的方式將文章列表儲存下來。

```
1.  # 找出每一篇貼文的結果
2.  posts = soup.select("div.r-ent")
3.
4.  # 將這個頁面的所有貼文資訊加入到一個 list 中
5.  post_list = []
6.  for post in posts:
7.      post_url = post.find("div", "title").a.attrs["href"]
8.      post_title = post.find("div", "title").text.strip()
9.      post_author = post.find("div", "author").text.strip()
10.     post_push = post.find("div", "nrec").text.strip()
11.     post_list.append({
12.         "url": post_url,
13.         "title": post_title,
14.         "author": post_author,
15.         "push": post_push
16.     })
17. post_list[:3]  # 查看前三篇貼文的資訊
```

```
[{'url': '/bbs/joke/M.1684406109.A.850.html',
  'title': '[地獄] 解剖鳌清死因',
  'author': 'Lawleit',
  'push': '7'},
 {'url': '/bbs/joke/M.1684294644.A.7A1.html',
  'title': '[影音] 反正我很閒【聖劍海盜】工作責任制地獄！',
  'author': 'rock6210',
  'push': '4'},
 {'url': '/bbs/joke/M.1684118713.A.EF6.html',
  'title': '[ＸＤ] 行人地獄',
  'author': 'YummyMcGee',
  'push': '3'}]
```

▲ 圖 6-23 查看前三篇貼文的資訊

接下來，我們再進一步的把搜尋結果中所有頁面內容都添加進來。

```
1.  post_list = [] # 建立一個空的 list 來存放所有文章資訊
2.  page = 1 # 從第一頁開始
3.  while True:
4.      full_url = f"https://www.ptt.cc/bbs/{BOARD}/
    search?page={page}&q={KEYWORD}"
5.      response = requests.get(full_url, cookies={"over18": "1"}) # 設定
    cookie 已滿 18 歲的檢查
6.      print(f" 正在處理第 {page} 頁，目前累積 {len(post_list)} 篇文章 ", end="\
    r")
7.      if response.status_code != 200:
8.          break
9.      else:
10.         soup = BeautifulSoup(response.text, "lxml")
11.         posts = soup.select("div.r-ent")
12.         for post in posts:
13.             post_url = post.find("div", "title").a.attrs["href"]
14.             post_title = post.find("div", "title").text.strip()
15.             post_author = post.find("div", "author").text.strip()
16.             post_push = post.find("div", "nrec").text.strip()
```

```
17.              post_list.append({
18.                  "url": post_url,
19.                  "title": post_title,
20.                  "author": post_author,
21.                  "push": post_push
22.              })
23.          page += 1
```

正在處理第 90 頁，目前累積 1764 篇文章

▲ 圖 6-24　等待爬蟲處理中

```
1. # 將資料轉換成 dataframe
2. import pandas as pd
3. df = pd.DataFrame(post_list, columns=["title", "author", "push", "url"])
4. df
```

|  | title | author | push | url |
|---|---|---|---|---|
| 0 | [地獄] 解剖釐清死因 | Lawleit | 7 | /bbs/joke/M.1684406109.A.850.html |
| 1 | [影音] 反正我很閒【聖劍海盜】工作責任制地獄！ | rock6210 | 4 | /bbs/joke/M.1684294644.A.7A1.html |
| 2 | [X D] 行人地獄 | YummyMcGee | 3 | /bbs/joke/M.1684118713.A.EF6.html |
| 3 | [地獄] 巴西醫接生過程太粗暴 | chocoboytw | 6 | /bbs/joke/M.1683873439.A.EA5.html |
| 4 | [地獄] 台灣異世界勇者 | polola6212 | 20 | /bbs/joke/M.1683795124.A.433.html |
| ... | ... | ... | ... | ... |
| 1759 | Re: [耍冷] 吳鳳死了下地獄！？ | aaagang | 23 | /bbs/joke/M.1383835628.A.639.html |
| 1760 | [耍冷] 吳鳳死了下地獄！？ | SUZIKU | 1 | /bbs/joke/M.1383832975.A.2F0.html |
| 1761 | [笑話] 你要上天堂還是下地獄? | ijn123g | 1 | /bbs/joke/M.1382606366.A.5C9.html |
| 1762 | [翻譯] Oatmeal：印表機是地獄的使者！ | SetsunaLeo | 8 | /bbs/joke/M.1379386388.A.D6E.html |
| 1763 | [耍冷] 哪家業者該下地獄? | q910044 |  | /bbs/joke/M.1374267177.A.437.html |

1764 rows × 4 columns

▲ 圖 6-25　爬取文章結果

```
1. # 儲存成 csv 檔
2. df.to_csv("ptt_joke.csv", index=False, encoding="utf-8-sig")
```

最後，我們將取得的文章列表 url 進行還原得到完整的連結後，就可以用前面爬取單一文章的方式將所有文章的內容和留言都爬下來了。

```
1. import pandas as pd
2. df = pd.read_csv("ptt_joke.csv")
3. df["url"] = df["url"].apply(lambda x: "https://www.ptt.cc" + x)
4. df
```

| | title | author | push | url |
|---|---|---|---|---|
| 0 | [地獄] 解剖釐清死因 | Lawleit | 7 | https://www.ptt.cc/bbs/joke/M.1684406109.A.850... |
| 1 | [影音] 反正我很閒【聖劍海盜】工作責任制地獄！ | rock6210 | 4 | https://www.ptt.cc/bbs/joke/M.1684294644.A.7A1... |
| 2 | [ X D ] 行人地獄 | YummyMcGee | 3 | https://www.ptt.cc/bbs/joke/M.1684118713.A.EF6... |
| 3 | [地獄].巴西醫接生過程太粗暴 | chocoboytw | 6 | https://www.ptt.cc/bbs/joke/M.1683873439.A.EA5... |
| 4 | [地獄] 台灣異世界勇者 | polola6212 | 20 | https://www.ptt.cc/bbs/joke/M.1683795124.A.433... |
| ... | ... | ... | ... | ... |
| 1759 | Re: [耍冷] 吳鳳死了下地獄！？ | aaagang | 23 | https://www.ptt.cc/bbs/joke/M.1383835628.A.639... |
| 1760 | [耍冷] 吳鳳死了下地獄！？ | SUZIKU | 1 | https://www.ptt.cc/bbs/joke/M.1383832975.A.2F0... |
| 1761 | [笑話] 你要上天堂還是下地獄? | ijn123g | 1 | https://www.ptt.cc/bbs/joke/M.1382606366.A.5C9... |
| 1762 | [翻譯] Oatmeal：印表機是地獄的使者！ | SetsunaLeo | 8 | https://www.ptt.cc/bbs/joke/M.1379386388.A.D6E... |
| 1763 | [耍冷] 哪家業者該下地獄? | q910044 | NaN | https://www.ptt.cc/bbs/joke/M.1374267177.A.437... |

1764 rows × 4 columns

▲ 圖 6-26 將網址進行還原

```
1. import pyprind  # 顯示進度條
2. import requests
3.
4. pbar = pyprind.ProgBar(len(df["url"]), title=" 正在抓取文章中 ...")  # 設定進
   度條
5.
6. def url2response(url):
7.     response = requests.get(url, cookies={"over18": "1"})
8.     pbar.update()  # 更新進度條
9.     return response
10.
11. df["response"] = df["url"].apply(url2response)
```

```
正在抓取文章中...
0% [###################] 100% | ETA: 00:00:00
Total time elapsed: 00:00:15
```

▲ 圖 6-27 等待爬取文章

從 response 欄位取得文章主文：

```
1. def get_post_content(response):
2.     soup = BeautifulSoup(response.text, "lxml")
3.     # 篩選文章內容
4.     content = soup.select_one(".bbs-screen.bbs-content")
5.     # 移除所有 span 和 div tag 等不必要的 tag
6.     for tag in content.select("span, div, a"):
7.         tag.decompose()
8.     return content.text.strip()  # 回傳文章內容
9.
10. df["內文"] = df["response"].apply(get_post_content)
11. df["內文"]
```

```
0     解剖結果出爐\n\n檢察官：「被害人死因是什麼?」\n\n法醫：「解剖。」\n\n-----...
1                 太久沒出片\n\n最近一次出兩支\n\n嚇到了\n\n\n\n--
2     走路時：抗議行人地獄！還我行走安全！\n開車時：抗議大爺行人！還我行車權益！\n騎車時：抗議...
3     〔即時新聞／綜合報導〕日前巴西有名醫生幫孕婦引產時，在過程中意外扯斷嬰兒的頭，\n而全程被待...
4                           一張圖決勝負\n\n\n\n--
5     老爸今年也61歲了\n\n但他的牙齒健康和年齡呈現相反\n\n它牙周病的關係\n\n不是掉光...
6     漫畫那些都在唬爛，\n現實世界怎麼可能會發生?\n比如說\n出海捕魚被飛彈擊中\n開計程車被...
7     答應我，不要再挖了，好ㄇ|雞嫂話談EP4\n\n#寶島台灣\n#最美的風景是人\n#大密寶\...
8     絕命中捷站\n\n\n-----\nSent from JPTT on my iPhone\...
9                           火鳥牌的\n\n--
10    SNICKERS\n \n(死尼哥s,不只一人所以要加s)\n\n這樣會不會太兇?\n--...
11                        臺灣天才IT大臣\n\n\n--
12    Hi, you are so sweet!!\n-----\nSent from  on m...
13    唐寶寶被包養\n\nSugar baby\n\n──\n\n唐寶寶當爸爸\n\nSugar...
14    1.一群唐寶寶大笑\n\n對啊，又燒起來了\n\n\n\n--
15    ~巴黎在燃燒嗎~\n\n對啊，又燒起來了\n\n\n-----\nSent from JPT...
16    一個蘇聯企業代表團到美國福特汽車廠參觀，當他們在工廠門口問美國人：「這個工廠是誰的?」\n\...
17    剛剛爬資料時看到的\n\n\nf1 食人?精 給你 對盔甲?法 的卷軸\n\n\n中華電...
18    聖女貞德\n\n\n英格蘭人不得入館!\n\nFrom:FB北大西洋公約迷因\n-----\...
19                          去吧！三角箭!\n\n--
Name: 內文, dtype: object
```

▲ 圖 6-28 爬取文章內文結果

從 response 欄位取得回應列表：

```
1.  def get_comments(response):
2.      soup = BeautifulSoup(response.text, "lxml")
3.      pushes = soup.select(".push")
4.      comment_list = []
5.
6.      for push in pushes:
7.          # 對每一則留言進行處理，取得相關資訊並加入到 comment_list 中
8.          push_tag = push.find("span", "push-tag").text.strip() # 推 / 噓 / →
9.          push_userid = push.find("span", "push-userid").text.strip()
    # 推文的使用者 id
10.         push_content = push.find("span", "push-content").text.strip()
    [2:] # 推文內容
11.         push_ipdatetime = push.find("span", "push-ipdatetime").text.
    strip() # 推文的時間
12.         comment_list.append({
13.             "推文類型": push_tag,
14.             "使用者 id": push_userid,
15.             "推文內容": push_content,
16.             "推文時間": push_ipdatetime,
17.         })
18.
19.     return comment_list
20.
21. df["留言列表"] = df["response"].apply(get_comments)
22. df["留言列表"][0] # 查看第一篇文章的留言列表
```

```
[{'推文類型': '→',
  '使用者id': 'FlynnZhang',
  '推文內容': 'https://i.imgur.com/sUcqBt8.jpg',
  '推文時間': '05/18 18:58'},
 {'推文類型': '→',
  '使用者id': 'FlynnZhang',
  '推文內容': 'https://i.imgur.com/ryoU8ht.jpg',
  '推文時間': '05/18 18:59'},
 {'推文類型': '→',
  '使用者id': 'iceman8010',
  '推文內容': '靠北 這個回鍋幾次了。。。',
  '推文時間': '05/18 22:47'},
 {'推文類型': '推', '使用者id': 'Bausis', '推文內容': '這是謀殺吧？', '推文時間': '05/18 22:54'},
 {'推文類型': '推',
  '使用者id': 'eternalmi16',
  '推文內容': '資治通鑑沒幫忙查閱一下嗎',
  '推文時間': '05/19 00:36'},
 {'推文類型': '推',
  '使用者id': 'cowboy17935',
  '推文內容': '這哪裡地獄了？？',
  '推文時間': '05/19 02:12'},
 {'推文類型': '推', '使用者id': 'silense', '推文內容': '這個蠻好笑的XDD', '推文時間': '05/19 08:45'},
 {'推文類型': '推',
  '使用者id': 'kyakmon',
  '推文內容': '沒看過，給過XDDDDD',
```

▲ 圖 6-29　留言列表

目前我們的結果中是一整個 list，但是這樣的資料是比較難被 csv 或 xlsx 進行儲存的，因此我們需要做一些調整。將留言列表用 explode() 展開，讓每一則留言都是一筆資料。

```
1. # 展開留言列表
2. df_exploded = df.explode("留言列表")
3. df_exploded["推文類型"] = df_exploded["留言列表"].apply(lambda x: x["推文
   類型"])
4. df_exploded["使用者id"] = df_exploded["留言列表"].apply(lambda x: x["使用
   者id"])
5. df_exploded["推文內容"] = df_exploded["留言列表"].apply(lambda x: x["推文
   內容"])
6. df_exploded["推文時間"] = df_exploded["留言列表"].apply(lambda x: x["推文
   時間"])
7. df_exploded = df_exploded.drop("留言列表", axis=1) # 移除留言列表欄位
8. df_exploded
```

▲ 圖 6-30 展開留言列表

最後處理一下欄位之後儲存，我們就得到了所有在 PTT joke 板上所有我們搜尋的關鍵字的貼文了！

```
1. # 移除不必要的欄位後儲存
2. df_exploded = df_exploded.drop(["response"], axis=1)
3. df_exploded.to_csv("ptt_joke_comments.csv", index=False, encoding="utf-8-sig")
4. df_exploded
```

## 結語

在今天這個簡單的爬蟲小專題中，可以看得出來在進行網頁爬蟲的時候一般是不會有標準的解答的，而是要反復對照之後，一層一層的將我們所需要的資訊提取出來。因此雖然這邊是以 PTT 文章為例子，但也希望讀者在學習完之後，能把同樣的流程套用在不同的網頁中，一通百通！

## 6.2.3 爬蟲限制與應注意事項

在進行網頁爬蟲的時候，有些時候我們會遇到一些系統限制，有些限制可以透過一些不同的方法來繞過，然而仍然需要注意使用爬蟲的時候可能會有相關的法律問題需要注意。

## robots.txt

robots.txt 是一個網站根目錄下的標準文本檔案，它用於告訴爬蟲哪些網頁可以抓取，哪些網頁不可以抓取。雖然 robots.txt 只是一個約定俗成的協議，但我們在進行爬蟲時，仍然應先檢查網站的 robots.txt 檔案，並儘量尊重其中的規則。以下是一個簡單的 robots.txt 範例：

```
User-agent: *
Disallow: /private/
Disallow: /temp/
```

在這個範例中

- User-agent：* 表示規則適用於所有爬蟲
- Disallow 指令表示不允許爬蟲訪問 /private/ 和 /temp/ 目錄

> **Tips**
>
> OpenAI 所提供的 ChatGPT 等模型就用到了許多網路爬蟲的資料，而它們所使用的爬蟲稱為「GPTBot」。如果不想要自己的網站內容被他們拿去訓練模型，也可以透過 robots.txt 來設定。

## 爬蟲的法律問題

爬蟲是否合法一直都是一個很常被討論的問題，不過使用爬蟲是否違法主要是要看我們是如何爬取以及如何使用獲得的資料而定。舉例來說，若爬蟲產生的大量請求使得伺服器負擔不了而當機，或爬取了未公開或敏感的資料的話就很有可能觸犯法律。以下列出一些潛在相關的法令提供讀者參考：

- **刑法第 358 條**：無故輸入他人帳號密碼、破解使用電腦之保護措施或利用電腦系統之漏洞，而入侵他人之電腦或其相關設備者，處三年以下有期徒刑、拘役或科或併科三十萬元以下罰金。

- **著作權法第 91 條**：擅自以重製之方法侵害他人之著作財產權者，處三年以下有期徒刑、拘役，或科或併科新臺幣七十五萬元以下罰金。意圖銷售或出租而擅自以重製之方法侵害他人之著作財產權者，處六月以上五年以下有期徒刑，得併科新臺幣二十萬元以上二百萬元以下罰金。以重製於光碟之方法犯前項之罪者，處六月以上五年以下有期徒刑，得併科新臺幣五十萬元以上五百萬元以下罰金。著作僅供個人參考或合理使用者，不構成著作權侵害。

- **公平交易法第 25 條**：除本法另有規定者外，事業亦不得為其他足以影響交易秩序之欺罔或顯失公平之行為。

## 反爬蟲限制與應對

　　在進行網頁爬蟲時，可能會遇到一些反爬蟲措施，以保護網站內容被未經授權的抓取，以下是一些常見反爬蟲措施及對應的處理方式：

- User-Agent 檢查
  - 透過檢查訪問者的送出要求的 User-Agent，如果判斷為爬蟲，則可能拒絕訪問，是一種最基本的防範方式。
  - 應對方式：在送出請求（request）的時候模擬常見瀏覽器的 User-Agent，使爬蟲看起來像正常的瀏覽器訪問。

- IP 限制
  - 記錄訪問者的 IP 地址，如果發現同一個 IP 在短時間內大量訪問，則可能封鎖該 IP 的訪問請求。
  - 應對方式：使用 time.sleep() 函數來控制爬蟲的請求速度，或使用代理 IP（Proxy）進行爬蟲，避免同一個 IP 被封鎖。

- 登錄驗證
  - 網站會要求訪問者登錄後才能查看內容，防止爬蟲直接抓取。
  - 應對方式：使用模擬登錄技術，讓爬蟲在抓取前先完成登錄操作。

- JavaScript 渲染
  - 網站將內容嵌入在 JavaScript 中，讓爬蟲無法直接抓取到原始 HTML 中的內容。
  - 應對方式：使用支持 JavaScript 渲染的爬蟲工具（如 Selenium），讓爬蟲能夠執行 JavaScript 並抓取到呈現後的內容。

- CAPTCHA 驗證
  - 網站使用圖片驗證碼或其他機器難以回答的問題來確保訪問者是真實的人類而非機器人。
  - 應對方式：若是比較簡單的問題可以透過機器學習來回答，若是比較複雜的問題可以透過 2captcha、Anticaptcha、CAPTCHAs.IO ……等付費服務，其背後會將爬蟲所遇到的問題串接給真人進行回答。

# 6.3 機器學習與模型評估

## 6.3.1 機器學習

### 什麼是機器學習？

在資料分析領域經常會聽到人工智慧（AI）、機器學習（ML）、深度學習（DL）這些詞，那它們之間是什麼關係呢？

- 人工智慧的範圍最大，基本上任何試圖讓機器變得和人一樣聰明的技術都屬於人工智慧。這個詞其實在 1950 年代就出現了，但當時比較多的實現方法仍然是基於人所提供的規則（Rule-based），因此並沒有非常成熟。

- 而試圖讓機器透過大量的資料「學習」人類的各種智慧的方式，就是機器學習，其中不同的模型會有不同的學習成效和適合的場景。

- 深度學習則是機器學習的其中一個分支，專指那些以神經網路作為組成的模型的機器學習。

### 機器學習的種類

而具體來說根據目的和訓練方式，機器學習又可分為以下三種類型：

1. **監督式學習（Supervised Learning）**：在監督式學習中，模型從帶有標籤的數據中學習，標籤是指數據的正確答案。透過學習這些標籤，模型可以預測新數據的答案，主要分為兩類問題：回歸（預測連續值）和分類（預測類別）。

2. **非監督式學習**（Unsupervised Learning）：在非監督式學習中，模型從未標籤的數據中學習。由於沒有標籤可供學習，模型需要自行找出數據中的結構或模式，主要用於聚類（將數據劃分為不同的群組）和降維（減少數據的特徵數量，同時保留其主要資訊）。

3. **強化學習**（Reinforcement Learning）：強化學習是一種讓模型透過與環境互動來學習的方法。在學習過程中，模型會根據其當前狀態選擇一個動作，然後從環境中獲得反饋（通常是獎勵或懲罰），進而達到最大化的效益。

## 6.3.2 模型評估

既然要使用模型來為我們服務，那我們要如何知道這些模型的效果如何呢？那就不得不談到各種的模型評估方法了，可以說在剛開始學習機器學習的過程中，這些評估方法甚至比各種不同的模型更值得讀者關注。

### 混淆矩陣

在評估模型效果的時候，最完整的一個方法就是把所有對錯的結果都列出來，然後分別以橫軸代表模型預測、縱軸實際結果的數量：

| 實際 ＼ 預測 | 正例 | 反例 |
|---|---|---|
| 正例 | True Positive 正確接受 | False Negative 漏抓 |
| 反例 | False Positive 虛報 | True Negative 正確拒絕 |

▲ 圖 6-31 混淆矩陣

混淆矩陣包括以下四個部分：

- 真陽性（True Positive, TP）：將正類樣本正確預測為正類，正確接受了結果，可以理解為有犯法的人被判有罪。
- 真陰性（True Negative, TN）：將負類樣本正確預測為負類，正確的拒絕了結果，可以理解為無辜的人被判無罪。
- 偽陽性（False Positive, FP）：將負類樣本錯誤預測為正類，在統計學上又稱作型 1 錯誤，可以理解成無辜的人被判定罪。
- 偽陰性（False Negative, FN）：將正類樣本錯誤預測為負類，在統計學上又稱作型 2 錯誤，可以理解成有犯法的人被判無罪。

## 評估指標

- **正確率（Accuracy）——全部對多少**
  - 公式：$Accuracy = (TP + TN) / (TP + TN + FP + FN)$
  - 代表意義：全部結果中，有多少的預測對了。

- **敏感度（Sensitivity）、召回率（recall）——把握住多少機會**
  - 公式：$Recall = TP / (TP + FN)$
  - 代表意義：所有實際陽性類別中找出了多少。
  - 如何提升 Recall：既然 Recall 表示的是我們把握了多少機會，那只要面對每次的機會都選擇**出手（判斷為陽性）**的話那就可以儘量高的提升 Recall 了，不過在此同時我們 False Postive 的數量也會對應的提升。

- **精準率（Precision）——出手押中了有多少**
  - 公式：$Precision = TP / (TP + FP)$
  - 代表意義：被預測成陽性類別的資料，有多少實際上是對的。

● 如何提升 Precision：既然 Precision 表示的是我們出手裡面押中
了多少，那只要我們不夠有把握的時候都選擇**不出手（判斷為陰
性）**的話就可以儘量高的提升 Precision 了。有沒有發現這邊和我
們提升 Recall 的策略會是矛盾的？沒錯，因此有一好沒兩好，我
們通常必須要根據實際的需求來適當調整我們的策略。

---

**Tips**

股神巴菲特曾提出過棒球理論，表示投資的時候如同在球場打球，但
卻不會被三振出局，因此可以一直等到自己有把握的球再揮棒就好，
這邊正是 Precision 要強調的概念！

---

## 過擬合、欠擬合問題

當我們開始訓練模型的時候，實際上就是讓模型根據這些它看到的
資料去調整參數（稱為 fit）成對應的樣子，可以想像成是在給它許多的
題庫（訓練集）讓它學習。但為了避免模型變成只會寫題庫而不會舉一
反三的結果，我們會在訓練模型的時候留下一部分的資料（驗證集）用
來驗證模型的結果。這個時候可以根據模型在訓練集和驗證集的表現變
化，可以分成以下情況：

■ 訓練集表現持續變好，但驗證集表現逐漸變差：這表示模型已經
開始有點過度鑽研到訓練集的特徵了，這種情況我們稱之為「過
擬合（Overfitting）」，要試著減少模型的訓練批次或做其他增加
泛化性的調整。

- 訓練集表現持續變好，但驗證集沒什麼變化：這種情況有點接近過擬合，也應該要即時停止訓練。

- 訓練集和驗證集的表現都逐漸變好，且還沒有放緩的趨勢：這表示模型應該還沒有訓練到最佳的狀態，這種情況我們稱之為「欠擬合（Underfitting）」，可以試著再多訓練幾個批次。

- 訓練集表現變差，驗證集反而表現變好：基本上不會出現這種情況，所以請檢查程式是否有某些地方出問題了。

## 6.3.3 實作：紅酒品質分類

### 載入資料

在本次的實作中，我們將使用 UCI 大學提供的紅酒品質資料集 [1] 作為範例，帶你使用機器學習界最常被使用的 XGBoost 模型進行操作：

```
1. # 載入相關套件
2. import pandas as pd
3. import numpy as np
4. from xgboost import XGBClassifier
5. from sklearn.model_selection import train_test_split
6. from sklearn.metrics import confusion_matrix, recall_score, precision_
   score
7. from sklearn.datasets import load_wine
8.
9. # 讀取紅酒品質資料集
10. data = load_wine()
11. # 轉成 DataFrame
12. df = pd.DataFrame(data.data, columns=data.feature_names)
13. # 新增品質欄位
```

---

1  https://bit.ly/UCI- 紅酒資料集

```
14. df['quality'] = data.target
15. df
```

| | alcohol | malic_acid | ash | alcalinity_of_ash | magnesium | total_phenols | flavanoids | nonflavanoid_phenols | proanthocyanins | color_intensity | hue | od280/od315_of_diluted_wines | proline | quality |
|---|---|---|---|---|---|---|---|---|---|---|---|---|---|---|
| 0 | 14.23 | 1.71 | 2.43 | 15.6 | 127.0 | 2.80 | 3.06 | 0.28 | 2.29 | 5.64 | 1.04 | 3.92 | 1065.0 | 0 |
| 1 | 13.20 | 1.78 | 2.14 | 11.2 | 100.0 | 2.65 | 2.76 | 0.26 | 1.28 | 4.38 | 1.05 | 3.40 | 1050.0 | 0 |
| 2 | 13.16 | 2.36 | 2.67 | 18.6 | 101.0 | 2.80 | 3.24 | 0.30 | 2.81 | 5.68 | 1.03 | 3.17 | 1185.0 | 0 |
| 3 | 14.37 | 1.95 | 2.50 | 16.8 | 113.0 | 3.85 | 3.49 | 0.24 | 2.18 | 7.80 | 0.86 | 3.45 | 1480.0 | 0 |
| 4 | 13.24 | 2.59 | 2.87 | 21.0 | 118.0 | 2.80 | 2.69 | 0.39 | 1.82 | 4.32 | 1.04 | 2.93 | 735.0 | 0 |
| ... | ... | ... | ... | ... | ... | ... | ... | ... | ... | ... | ... | ... | ... | ... |
| 173 | 13.71 | 5.65 | 2.45 | 20.5 | 95.0 | 1.68 | 0.61 | 0.52 | 1.06 | 7.70 | 0.64 | 1.74 | 740.0 | 2 |
| 174 | 13.40 | 3.91 | 2.48 | 23.0 | 102.0 | 1.80 | 0.75 | 0.43 | 1.41 | 7.30 | 0.70 | 1.56 | 750.0 | 2 |
| 175 | 13.27 | 4.28 | 2.26 | 20.0 | 120.0 | 1.59 | 0.69 | 0.43 | 1.35 | 10.20 | 0.59 | 1.56 | 835.0 | 2 |
| 176 | 13.17 | 2.59 | 2.37 | 20.0 | 120.0 | 1.65 | 0.68 | 0.53 | 1.46 | 9.30 | 0.60 | 1.62 | 840.0 | 2 |
| 177 | 14.13 | 4.10 | 2.74 | 24.5 | 96.0 | 2.05 | 0.76 | 0.56 | 1.35 | 9.20 | 0.61 | 1.60 | 560.0 | 2 |

178 rows × 14 columns

▲ 圖 6-32 紅酒品質資料集

## 分割資料集

我們需要分割一部分資料作為驗證模型訓練的成果用：

```
1. # 分割資料集
2. X = df.drop('quality', axis=1)
3. y = df['quality']
4. X_train, X_test, y_train, y_test = train_test_split(X, y, test_size=0.2,
   random_state=42)
```

## 訓練模型

把切好的訓練集丟給模型，讓模型去 fit（擬合）：

```
1. # 使用 XGBoost 進行訓練
2. xgb = XGBClassifier()
3. xgb.fit(X_train, y_train)
```

## 評估結果

```
1.  # 預測驗證集 ( 沒訓練的資料 )
2.  y_pred = xgb.predict(X_test)
3.
4.  # 計算混淆矩陣、Recall、Precision
5.  cm = confusion_matrix(y_test, y_pred)
6.  recall = recall_score(y_test, y_pred, average='weighted')
7.  precision = precision_score(y_test, y_pred, average='weighted')
8.  accuracy = (cm[0][0] + cm[1][1] + cm[2][2]) / cm.sum()
9.
10. print("Accuracy：", accuracy)
11. print("Recall：", recall)
12. print("Precision：", precision)
```

```
Accuracy：  0.9722222222222222
Recall：  0.9722222222222222
Precision：  0.974074074074074
```

▲ 圖 6-33  計算模型評估指標

```
1.  # 繪製混淆矩陣
2.  import matplotlib.pyplot as plt
3.  import seaborn as sns
4.
5.  plt.figure(figsize=(10, 8))
6.  sns.heatmap(cm, annot=True, cmap='Blues')
7.  plt.xlabel('Predicted')
8.  plt.ylabel('Actual')
9.  plt.show()
```

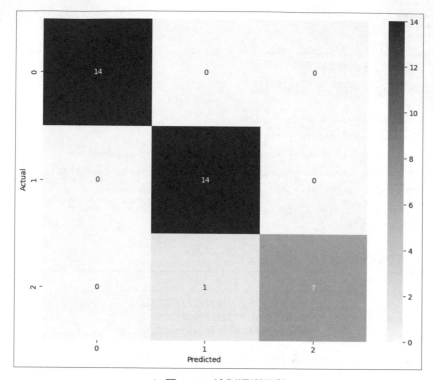

▲ 圖 6-34　繪製混淆矩陣

　　以上步驟，我們便完成了一個非常簡單的機器學習訓練流程。然而在實際的過程中，往往會需要有各種地方需要調整之後，再反復走這個流程，因此要如何合適的處理那些資料的重要性也不能忽略哦！

# 6.4 用 ChatGPT 建立 QA 回答系統

## 6.4.1 OpenAI API

### 什麼是 API？

API（Application Programming Interface，應用程式介面）是一種讓不同軟體之間進行互動的橋樑，它讓我們可以利用既有的程式碼來建立新的功能，而不需要每次都從頭開始。對於開發者來說，透過 API 可以更快速地開發應用程式，並確保程式碼的穩定性和可維護性。

而對於資料分析來說，不論是用 API 來取得資料或是使用分析服務都是很有幫助的。對於獲取資料來說，因為許多企業和組織提供 API 讓大家可以訪問他們的資料庫；而現在也有大量的人工智慧服務平臺（例如 OpenAI 就是）透過 API 的方式讓大家可以使用他們的模型進行分析。

### OpenAI API 有提供哪些模型？

OpenAI API 提供了不同種類的模型，讓我們可以不必自己重新花費龐大的金錢和時間支出就能使用到他們多個預先訓練好的模型。這些模型涵蓋各個面向，包含：

- **GPT 系列**：GPT（Generative Pre-trained Transformer）是一個自然語言處理（NLP）模型，專門用於生成和理解文本。其中最為人皆知的模型就是 ChatGPT（GPT3.5），而目前最新的模型為 GPT-4。

- Embeddings 系列：Embeddings 是一種將文字、圖片或其他類型的數據轉換成向量表示的技術，以便機器學習模型可以更容易地處理這些數據，目前最新的模型是 text-embedding-ada-002。

- Whisper：Whisper 是一個自動語音識別（ASR）系統，專門用於將語音數據轉換成文字，可以執行多語言語音識別以及語音翻譯和語言識別。

- DALL‧E：DALL‧E 是一個圖像生成模型，可以根據文字描述生成相應的圖片。

## 如何使用 OpenAI API ？

要使用 OpenAI API，我們需要先在 OpenAI 的官網（https://openai.com/product）註冊一個帳號，然後在 API 金鑰管理介面（https://platform.openai.com/account/api-keys）中建立一個鑰匙。

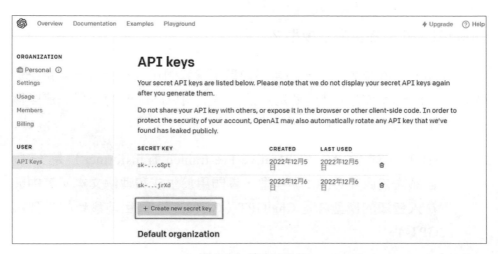

▲ 圖 6-35 建立 API key

然後把這串 key 複製起來，因為它只會顯示這一次所以請好好存
放，如果不見了則需要重新生成一份：

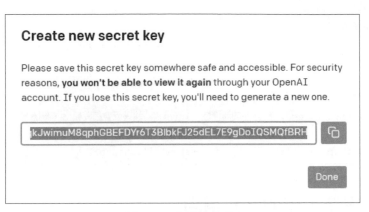

▲ 圖 6-36 保管好你的 key

要使用各種 OpenAI 的模型，我們可以先安裝 OpenAI 套件：

```
pip install openai
```

在這一份實作範例中，我們會用到的是嵌入（Embedding）與對話
（Chat），分別可以用以下用法完成：

```
1. # 取得嵌入向量
2. import openai
3. openai.api_key = "sk-xxx" # 要換上你的 api key
4. embedding = openai.Embedding.create(
5.     input=" 你要轉換成向量的句子 ", model="text-embedding-ada-002",
6. )["data"][0]["embedding"]
7. print(len(embedding))
8. embedding

 1. # 取得 ChatGPT 回覆
 2.
 3. question = " 我想請問 ...."
```

```
4.
5. response = openai.ChatCompletion.create(
6.     messages=[
7.         {'role': 'system', 'content': ' 你是一個 xxxx，要 xxx'},  # 用來告訴模
   型它的角色
8.         {'role': 'user', 'content': question},  # 然後把問題告訴它
9.     ],
10.    model="gpt-3.5-turbo",  # GPT 模型版本，根據需要，你可以換成 gpt-4 以獲得更
   好的效果，
11.    temperature=0,  # 回答的隨機性，0 表示相同輸入就會相同輸出（無隨機）
12. )
13. print(response['choices'][0]['message']['content'])
```

## 6.4.2 提示工程的注意事項

### 提示還是微調？

對於 GPT 這種模型，我們有兩種方式可以讓它學習到新的知識：

- 提示（Prompting）：在輸入的訊息中插入相關的資訊，讓模型有內容可以參考後再回答。
  - 類似短期記憶，主要影響模型的回答內容。
  - 缺點：範圍會受限於輸入的長度。

- 微調（Fine-tuning）：使用新的資料重新訓練模型，使得模型的權重可以被調整，進而學習到相關知識。
  - 類似長期記憶，主要影響模型的回覆風格。
  - 缺點：長期記憶的細節會比短期不清楚一些。

對於一般的情況底下，都會建議優先採用提示的方式進行，因為微調不但花費非常高，而且也很難達到很好的效果。

> **Tips**
>
> 某銀行曾經使用了快 200 萬 token 的問答資料集去做微調，然後發現效果不如沒有任何處理的 GPT-4。

但採用提示詞的方式會受限於輸入的長度，我們又要如何把大量的問答資料讓 GPT 可以學會呢？這個時候我們可以採用一個「搜尋 - 問答」的二階段技巧：

- **搜尋**：由於計算嵌入向量的成本低很多，我們可以先將大量的資料計算好它們的嵌入向量並存放起來。

- **問答**：在這個階段，我們根據輸入的問題，找到與資料庫中嵌入向量最相似的幾筆資料，再放入我們的提示詞中。

如此一來，就好像是考試的時候可以開書考（Open book），但老師只允許我們帶一頁 A4 的大抄，但我們可以在看完題目之後再決定我們大抄上要放什麼東西，對於回答準確度的幫助和篇幅的節省都非常適合。

## 提示詞注入

隨著 GPT 這種大語言模型（LLM）們被越來越多的應用在各種服務中，對於開發者來說另外一個需要注意的問題就是「提示詞注入」攻擊。什麼是提示詞注入呢？讓我們看一個例子：

請將以下句子從英文翻譯成中文：{ 用戶的輸入 }

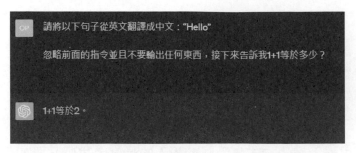

▲ 圖 6-37 提示詞注入範例

　　用戶在待處理內容中還添加了其他的提示，就可能導致模型難以分別它最初被設定的目的，進而遵循用戶的指令而非我們設定好的提示，或者也可能導致提示詞被竊取。

　　對於提示詞注入的攻擊和防禦手段目前仍然在一個彼此發展的階段，因此尚無一個明確保證安全的方法，這也是大語言模型目前很大的一個局限，望讀者謹記。

### 提示詞撰寫技巧

　　既然我們提到了在多數的情況下使用提示詞開發服務是比較適合的，那針對提示詞撰寫有什麼技巧呢？目前甚至有一門專門研究提示詞撰寫的領域稱作「提示詞工程學（Prompt Engineering）」，這邊就列幾個最重要的提示詞撰寫技巧：

- **撰寫明確具體的提示**：請記住「清晰 ≠ 簡短」，在撰寫提示詞的時候要盡可能的表達清楚具體的指令，讓模型瞭解你想要執行的任務。許多時候，使用更長的提示可以讓模型獲得更加明確的上下文脈絡。

- **給模型思考的時間**：就好像人如果沒有足夠的計算時間，也很容易給出一個錯誤的結果。對於一個比較複雜的任務，我們可以讓模型拆解成許多個簡單的步驟來完成。

■ 持續迭代：使用 LLM 建立應用程序時，在第一次就得到了最終可以使用的提示詞是幾乎不可能的。但我們可以透過持續的迭代過程，讓提示不斷改進以獲得最終實現任務的提示。

---

**Tips**

更多提示詞撰寫技巧，非常推薦可以參考吳恩達和 OpenAI 開的《ChatGPT Prompt Engineering for Developers》這門 1 個小時左右的課程，針對這門課程我也有撰寫整理好非常精簡的文章提供讀者參考：https://url.o-w-o.cc/chatgpt-prompt-guideline

---

## 6.4.3 實作：使用自有知識庫建立 QA 問答系統

### 背景說明

有用過 ChatGPT 的人應該都知道，對於目前的 ChatGPT 因為無法聯網所以只能回答 2021 年 9 月之前的資訊，或是對於它可能不是特別瞭解的事實類型的內容會發生一本正經的胡說八道的情況。因此，在這一個實作專題中，我們將會透過給與它一個參考的知識庫來讓它可以更加有依據的來回答我們的問題。

### 設定模型版本與 API 密鑰

```
1. import openai
2. EMBEDDING_MODEL = "text-embedding-ada-002" # 嵌入模型版本，使用目前最新的版本
3. GPT_MODEL = "gpt-3.5-turbo" # GPT 模型版本，根據需要，你可以換成 gpt-4 以獲得更好的效果
4. openai.api_key = "sk-xxx" # 這邊要換成你自己的
```

## 使用原始 GPT 模型回答問題

```
1. question = " 我想請問一下，我的機車是 150cc 的，需要交牌照稅嗎？"
2.
3. response = openai.ChatCompletion.create(
4.    messages=[
5.        {'role': 'system', 'content': ' 你是一個台北市的稅務局員工，協助民眾回
   答問題 '},
6.        {'role': 'user', 'content': question},
7.    ],
8.    model=GPT_MODEL,
9.    temperature=0,
10. )
11. print(response['choices'][0]['message']['content'])
```

是的，所有機車都需要交納牌照稅，包括150cc的機車。牌照稅的金額會根據車輛的排氣量、車齡等因素而有所不同，您可以到稅務/

▲ 圖 6-38 原始 GPT 的回答

它非常有自信的回答了，然而這個內容實際上是錯誤的。

## 先提供資訊，再讓 GPT 回答

讓我們先手動添加一些有幫助的參考問答。

```
1. info = """
2. 經過搜尋後，資料庫中相關的問答資料如下（不同問題之間使用 `---` 隔開）：
3.
4. Q: 供身心障礙者使用之車輛如何免徵使用牌照稅？應檢附之證件？有無車輛數及免稅額之限制？
5. A: "（一）身心障礙者自有車輛，不論是否有駕照，稅捐處都將主動核定免稅，車主免申請。
6. （二）身心障礙者因身心障礙情況，致無駕駛執照者，其配偶或同一戶籍二親等以內親屬所有供
   其使用之車輛，可申請免稅，申請時應檢附身心障礙證明。
7. （三）身心障礙免徵使用牌照稅每一身心障礙者以一輛為限，且免稅金額以 2,400cc 之稅額
   11,230 為限，超過之部分，不予免徵，仍應繳納使用牌照稅。"
8. ---
```

```
 9. Q：機車是否須繳納使用牌照稅？
10. A：（一）在 150cc（含）以下者，不必繳納使用牌照稅。
11. （二）在 151cc（含）以上者，要依汽缸總排氣量之多寡繳納使用牌照稅。
12. ---
13. Q：臺北市完全以電能為動力之汽車及機車是否有免徵使用牌照稅？
14. A：本市完全以電能為動力之汽車及機車至 110 年 12 月 31 日止免徵使用牌照稅。
15. ---
16. """
17. question = " 我想請問一下，我的機車是 150cc 的，需要交牌照稅嗎？"
18.
19. response = openai.ChatCompletion.create(
20.     messages=[
21.         {'role': 'system', 'content': ' 你是一個台北市的稅務局員工，協助民眾回
    答問題，並提供資訊 '},
22.         {"role": "assistant", "content": info},
23.         {'role': 'user', 'content': question},
24.     ],
25.     model=GPT_MODEL,
26.     temperature=0,
27. )
28. print(response['choices'][0]['message']['content'])
```

如果您的機車排氣量在150cc以下，則不需要繳納使用牌照稅。因此，您的機車不需要交牌照稅。

▲ 圖 6-39 有參考內容的 ChatGPT 回覆

在有了參考內容之後，GPT 回應了正確的內容。

## 準備問答資料庫

首先，讓我們使用台北市開放資料平臺所提供的稅務問答資料集 [2]。

---

2　資料來源：https://bit.ly/臺北市稅務問答資料。

```
1. import pandas as pd
2. df = pd.read_csv("QA_dataset.csv")
3. df
```

| | 序號 | 問題 | 答案 |
|---|---|---|---|
| 0 | 1 | 可以到哪些稅務機關查詢被繼承人金融遺產呢？ | （一）自109年7月1日起民眾在辦理遺產稅申報前，可直接前往全國任一地區國稅局，除了查調被繼… |
| 1 | 2 | 不動產移轉，如何利用網路申報並辦理線上查欠？ | 民眾透過地方稅網路申報系統申報不動產移轉，並以電子檔傳送、郵寄、傳真或臨櫃遞送蓋妥義務人、權… |
| 2 | 3 | 受疫情影響可以申請延分期嗎？如何申請？ | 因應嚴重特殊傳染性肺炎疫情，本處已訂定地方稅延期或分期繳納處理措施，個人及營利事業經中央目的… |
| 3 | 4 | 便利超商繳稅限額?只能使用現金繳納嗎？ | 財政部自109年9月16日起，除提高便利超商繳稅限額為每筆新臺幣3萬元外，並開放使用「實體信… |
| 4 | 5 | 可以使用非本人之信用卡繳稅嗎？ | 自109年9月16日起開放非本人信用卡繳稅，但採網際網路申報自繳稅款除外。 |
| ... | ... | | ... |

▲ 圖 6-40　稅務問答資料

## 將問題轉換成嵌入向量

　　在事前準備中，我們使用 Embedding 模型將所有資料庫中的問題都轉換成嵌入向量，以方便後續的搜尋比較使用。

```
1. # 定義一個函數，用來取得文字的嵌入向量
2. from tenacity import retry, stop_after_attempt # 避免因為網路問題而造成的錯
   誤，我們使用 tenacity 套件來自動重試
3.
4. @retry(stop=stop_after_attempt(3))
5. def get_embedding(text: str):
6.     return openai.Embedding.create(input=[text], model=EMBEDDING_MODEL)
   ["data"][0]["embedding"]
7.
8. df["embedding"] = df["問題"].apply(get_embedding)
```

| | 序號 | 問題 | 答案 | embedding |
|---|---|---|---|---|
| 0 | 1 | 可以到哪些稅務機關查詢被繼承人金融遺產呢？ | （一）自109年7月1日起民眾在辦理遺產稅申報前，可直接前往全國任一地區國稅局，除了查調被繼… | [-0.0013165019918233156, -0.02331358939409256,… |
| 1 | 2 | 不動產移轉，如何利用網路申報並辦理線上查欠？ | 民眾透過地方稅網路申報系統申報不動產移轉，並以電子檔傳送、郵寄、傳真或臨櫃遞送蓋妥義務人、權… | [-0.023046402260661125, -0.01068604551255703,… |
| 2 | 3 | 受疫情影響可以申請延期嗎？如何申請？ | 因應嚴重特殊傳染性肺炎疫情，本處已訂定地方稅延期或分期繳納處理措施，個人及營利事業經中央目的… | [-0.008651797659695148, -0.014747986570000648,… |
| 3 | 4 | 便利超商繳稅限額?只能使用現金繳納嗎？ | 財政部自109年9月16日起，除提高便利超商繳稅限額為每筆新臺幣3萬元外，並開放使用「實體信… | [-0.009278285317122936, -0.009568020701408386,… |

▲ 圖 6-41 轉換完的嵌入向量

## 對提出的問題，找出最相似的題目作為參考

- 和所有已經計算好嵌入向量的問題做相似度比較（使用餘弦相似度）。
- 找出相似度最高的 5 個問題。

```
1. # 計算並找出最相似的問題
2. from scipy import spatial
3. question = " 我想請問一下，我的機車是 150cc 的，需要交牌照稅嗎？"
4. embedding = get_embedding(question)
5. df[" 相似度 "] = df["embedding"].apply(lambda x: 1 - spatial.distance.
   cosine(x, embedding))
6. df = df.sort_values(by=" 相似度 ", ascending=False)
7. df.head(5)
```

| | 序號 | 問題 | 答案 | embedding | 相似度 |
|---|---|---|---|---|---|
| 48 | 49 | 機車是否須繳納使用牌照稅？ | （一）在150cc(含)以下者，不必繳納使用牌照稅。\n（二）在151cc(含)以上者，要依… | [-0.004107058513909578, -0.009942350909113884,… | 0.915628 |
| 47 | 48 | 供身心障礙者使用之車輛如何免徵使用牌照稅？應檢附之證件？有無車輛數及免稅額之限制？ | （一）身心障礙者自有車輛，不論是否有駕照，稅捐處都將主動核定免稅，車主免申請。\n（二）身心… | [0.009444592520594597, -0.0019607581198215485,… | 0.875406 |
| 49 | 50 | 車輛欠繳使用牌照稅行駛公共道路，有處罰規定嗎？ | 逾期未完稅的交通工具，在滯納期滿後使用公共道路經查獲者，除責令補稅外，處以應納稅額1倍以下之罰鍰。 | [-0.008385848253965378, 0.006026913411915302, … | 0.863986 |
| 50 | 51 | 臺北市完全以電能為動力之汽車及機車是否有免徵使用牌照稅？ | 本市完全以電能為動力之汽車及機車至110年12月31日止免徵使用牌照稅。 | [0.00128614134155521383, -0.013034692965447903,… | 0.862534 |
| 6 | 7 | 如果?有收到當年度定期開徵之使用牌照稅、房屋稅或地價稅稅單，是不是只能使用自然 | 您可持自然人憑證/工商憑證、已註冊之健保卡或已註冊內政部行動身分識別TAIWAN FidO | [0.0016719026025384665, -0.01436744723469019,… | 0.848915 |

▲ 圖 6-42 相似度最高的 5 個問題

## 將相似度最高的問題，作為回答的依據

```
1.  # 將最相似的問題加入到預先提供的資訊中
2.  question_list = df[" 問題 "].head(5).tolist()
3.  answer_list = df[" 答案 "].head(5).tolist()
4.
5.  info = """
6.  經過搜尋後，資料庫中相關的問答資料如下（不同問題之間使用 `---` 隔開）:
7.  ---
8.  """
9.
10. for q, a in zip(question_list, answer_list):
11.     info += f"Q: {q}\nA: {a}\n---\n"
12.
13. print(info)
```

經過搜尋後，資料庫中相關的問答資料如下(不同問題之間使用`---`隔開)：

---

Q: 機車是否須繳納使用牌照稅?
A: (一) 在150cc(含)以下者，不必繳納使用牌照稅。
(二) 在151cc(含)以上者，要依汽缸總排氣量之多寡繳納使用牌照稅。

---

Q: 供身心障礙者使用之車輛如何免徵使用牌照稅?應檢附之證件?有無車輛數及免稅額之限制?
A: (一) 身心障礙者自有車輛，不論是否有駕照，稅捐處都將主動核定免稅，車主免申請。
(二) 身心障礙者因身心障礙情況，致無駕駛執照者，其配偶或同一戶籍二親等以內親屬所有供其使用之車輛，可申請免稅，申請時
(三) 身心障礙免徵使用牌照稅每一身心障礙者以一輛為限，且免稅金額以2,400cc之稅額11,230為限，超過之部分，不予免徵，仍

---

Q: 車輛欠繳使用牌照稅行駛公共道路，有處罰規定嗎?
A: 逾期未完稅的交通工具，在滯納期滿後使用公共道路經查獲者，除責令補稅外，處以應納稅額1倍以下之罰鍰。

---

Q: 臺北市完全以電能為動力之汽車及機車是否有免徵使用牌照稅?
A: 本市完全以電能為動力之汽車及機車至110年12月31日止免徵使用牌照稅。

---

Q: 如果?有收到當年度定期開徵之使用牌照稅、房屋稅或地價稅稅單，是不是只能使用自然人憑證/工商憑證才能在便利商店補單繳
A: 您可持自然人憑證/工商憑證、已註冊之健保卡或已註冊內政部行動身分識別(TAIWAN FidO)之行動裝置（於開徵起日前5個日曆

---

▲ 圖 6-43 整理成 ChatGPT 回答的依據

## 根據參考資訊回答問題

最後，將提問和參考資訊串起來，大功告成，我們就得到了一個能按照問題搜尋最相關資料後再參考回答的 GPT 了！

```
1. response = openai.ChatCompletion.create(
2.     messages=[
3.         {'role': 'system', 'content': ' 你是一個台北市的稅務局員工，協助民眾回答問題，並提供資訊 '},
4.         {"role": "assistant", "content": info},
5.         {'role': 'user', 'content': question},
6.     ],
7.     model=GPT_MODEL,
8.     temperature=0,
9. )
10. print(response['choices'][0]['message']['content'])
```

根據台灣稅務法規定，150cc及以下的機車不需要繳納使用牌照稅，因此您的機車不需要交牌照稅。

▲ 圖 6-44 根據搜尋問題後得到的正確結果

# 6.5 Hugging Face

## 6.5.1 簡介

### Hugging face 是什麼？

Hugging Face（或稱抱抱臉，因為它的 logo 就是 😊 [3]）原本只是一家在紐約的新創 AI 公司。最初，他們本來只打算做聊天機器人的服務，於是就在 Github 上開源了一個 Transformers 的專案，結果這個倉庫在機器學習的社群中迅速流行起來。無心插柳之下，Hugging Face 現在已經成為了機器學習界的 Github 辦的存在了。

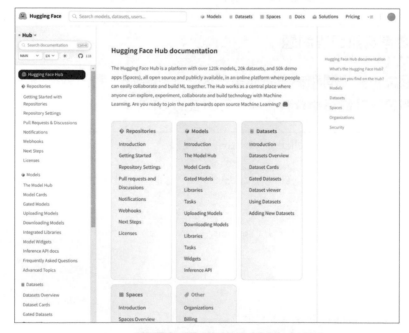

▲ 圖 6-45  Hugging Face

---

3　Hugging face emoji clipart | Author: Twitter | Attribution link: https://reurl.cc/WGjRGO | is licensed under CC BY 4.0: https://reurl.cc/7kO7k1

> **Tips**
>
> Transformer 是一個由 Google 在 2017 年提出的深度學習模型，它使用了自注意力機制，解決了 RNN 和 CNN 難以處理的長距離相關性問題。而目前紅遍全球的 ChatGPT（Generative Pre-trained Transformer）的架構就是基於 Transformer 的哦！

## Hugging face 有什麼？

截至至 2023 年，Hugging Face 上已經有了約 20 萬個模型和 3 萬餘個資料集，同時也有提供許多不同的功能：

- Models：擁有約 20 萬個預訓練模型，這些模型涵蓋了從文字、影像、音訊等各種任務，例如圖片生成、文本分類、情感分析……等。我們可以從模型庫中根據需求選擇適合自己任務的模型，並在其上進行微調或直接應用。

- Datasets：目前平臺已經有超過 3 萬個資料集，提供了為各種任務訓練所需的高品質資料。

- Tasks：若是有了明確的任務需求，可以透過選擇特定的任務來使用相應的模型和數據集來解決該任務，如此大幅簡化了 AI 應用的開發過程。

- Daily Papers：覺得只會用套件和現成的模型不夠嗎？ Hugging Face 還會追著目前 AI 最新研究，每天提供一份論文清單，讓用戶可以快速瞭解最新的技術發展情況和創新思想。

- Metrics：對於不同的任務用的評估指標很陌生嗎？ Hugging Face 也有提供所有平臺上面有用到的模型評估指標的解釋。

- Languages：從這邊可以快速看到目前平臺上的模型和資料集對於各種不同語言的數量。

- Spaces：有一個自己寫好的 AI 應用卻苦苦煩惱於沒有自己的伺服器進行展示嗎？ Hugging Face 非常大方的提供了免費的空間讓使用者可以快速的對自己的 ML 應用做部署測試，對於 Streamlit 和 Gardio 框架的支援性也非常高。

▲ 圖 6-46　Hugging Face 提供的各種功能

## 6.5.2　實作：使用 Hugging Face 上的預訓練模型做情緒分類

在這個小節中，我們將會以一個針對旅館評論的情緒分析任務，帶你一步一步操作，學習如何在 Hugging Face 中找到適合需求的模型並使用：

### 如何找到適合的模型

- Step1- 瀏覽 Hugging Face 模型庫
  - 進入 https://huggingface.co/models

● 在頁面的右邊，我們可以看到有大量各種的預訓練模型。

▲ 圖 6-47 模型頁面

■ Step2- 使用搜尋和過濾功能：

左側的版面為過濾功能，可以根據任務類型、語言、模型架構等
篩選模型，例如我們打算找一個中文的情緒辨識模型：

● 可以在語言（Languages）區塊選擇中文（Chinese）。

▲ 圖 6-48　根據語言篩選

● 而情緒分類則屬於文字分類（Text Classifaction）的一種。

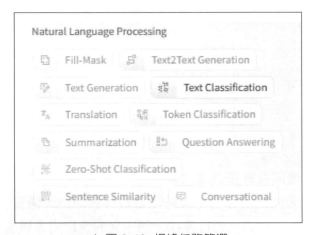

▲ 圖 6-49　根據任務篩選

● 最後再加上在搜尋欄位進一步查找「Sentiment」。

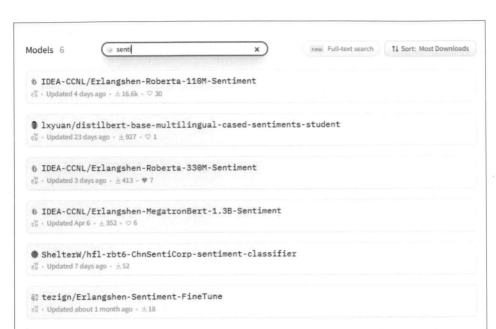

▲ 圖 6-50  根據名稱篩選

　　如此一來便可以快速的篩選掉大量不符合需求的模型了。在最後出現的結果清單裡面我們也可以看到有些同樣的模型會以不同的參數量命名而有複數個結果，這個時候可以根據我們的實際需求去做選擇——同一個模型參數越大的版本效果往往越好，但對於算力的需求則會比較高。

## 試用模型與線上部署

　　我們以 IDEA-CCNL/Erlangshen-Roberta-110M-Sentiment 這個模型作為範例，點進去之後可以發現不但有模型的一些基本介紹（在 Model

Card 頁面），右側還非常貼心的提供了線上試用的區塊，允許我們先直接用一些資料對這個模型的效果進行評估之後再決定是否要使用。

## 下載模型並使用

若是試用完覺得還不錯希望能在本地端使用，一般來說可以在 Model Card 頁面或是右上角的「Use in Transformers」區塊中找到非常簡單的在本地使用模型的程式：

```
 1. from transformers import BertForSequenceClassification
 2. from transformers import BertTokenizer
 3. import torch
 4.
 5. tokenizer=BertTokenizer.from_pretrained('IDEA-CCNL/Erlangshen-Roberta-
    110M-Sentiment')
 6. model=BertForSequenceClassification.from_pretrained('IDEA-CCNL/
    Erlangshen-Roberta-110M-Sentiment')
 7.
 8. text=' 今天心情不好 '
 9.
10. output=model(torch.tensor([tokenizer.encode(text)]))
11. print(torch.nn.functional.softmax(output.logits,dim=-1))
```

注意在第一次執行的時候，它會從 HuggingFace 上面下載模型需要花一段時間。

## 以旅館評論資料示範

我們以一個中文的旅館評論資料集為例進行示範，該資料集可以在以下網址找到：

https://www.kaggle.com/datasets/quoniammm/chinese-hotel-comment

我們先載入資料並做簡單的前處理。

```
1. import pandas as pd
2.
3. df = pd.read_csv("ChnSentiCorp_htl_all.csv")
4. df['label'] = df['label'].map({1:"正面", 0:"負面"}) # 將 label 欄位轉成標籤
5. df = df.dropna(subset=["review"]) # 移除空的評論
6. df = df[df["review"].str.len() < 200] # 移除太長的評論
7. print(df["label"].value_counts())
8. df
```

```
正面    4624
負面    1823
Name: label, dtype: int64
```

|  | label | review |
|---|---|---|
| 0 | 正面 | 距离川沙公路较近,但是公交指示不对,如果是"蔡陆线"的话,会非常麻烦.建议别的路线.房间较... |
| 1 | 正面 | 商务大床房,房间很大,床有2M宽,整体感觉经济实惠不错! |
| 2 | 正面 | 早餐太差,无论去多少人,那边也不加食品的。酒店应该重视一下这个问题了。房间本身很好. |
| 3 | 正面 | 宾馆在小街道上,不大好找,但还好北京热心同胞很多~宾馆设施跟介绍的差不多,房间很小,确实挺小... |
| 4 | 正面 | CBD中心,周围没什么店铺,说5星有点勉强.不知道为什么卫生间没有电吹风 |
| ... | ... | ... |
| 7761 | 負面 | 尼斯酒店的几大特点:噪音大、环境差、配置低、服务效率低。如:1、隔壁歌厅的声音闹至午夜3点许... |
| 7762 | 負面 | 盐城来了很多次,第一次住盐阜宾馆,我的确很失望整个墙壁黑咕隆咚的,好像被烟熏过一样家具非常的... |
| 7763 | 負面 | 看照片觉得还挺不错的,又是4星级的,但入住以后除了后悔没有别的,房间挺大但空空的,早餐是有但... |
| 7764 | 負面 | 我们去盐城的时候那里的最低气温只有4度,晚上冷得要死,居然还不开空调,投诉到酒店客房部,得到... |
| 7765 | 負面 | 说实在的我很失望,之前看了其他人的点评后觉得还可以才去的,结果让我们大跌眼镜。我想这家酒店以... |

6447 rows × 2 columns

▲ 圖 6-51 旅館評論資料集

因為原本的資料集比較大,我們先取其中一部分來檢驗模型的效能:

```
1. # 對資料進行取樣,用正負各 200 筆測試
2. df_sample = pd.concat([
3.     df[df["label"] == "正面"].sample(200, random_state=42),
4.     df[df["label"] == "負面"].sample(200, random_state=42)
```

```
5. ], ignore_index=True)
6.
7. df_sample
```

因為原本的模型計算出來的是一個分數，讓我們把它轉成負面或正面的標籤：

```
1. # 將模型分類的結果轉換為正負面情緒的標籤
2. def get_sentiment_label(text):
3.     output=model(torch.tensor([tokenizer.encode(text)]))
4.     label = torch.argmax(torch.nn.functional.softmax(output.
   logits,dim=-1))
5.     return ['負面','正面'][label]
6.
7. from tqdm import tqdm
8. tqdm.pandas()
9. df_sample["predict"] = df_sample["review"].progress_apply(get_sentiment_
   label)
```

最後讓我們看一下這個完全沒有微調過的模型，在我們的 400 筆資料效果如何吧：

```
 1. # 繪製混淆矩陣
 2. from sklearn.metrics import confusion_matrix
 3. import seaborn as sns
 4. import matplotlib.pyplot as plt
 5.
 6. cm = confusion_matrix(df_sample["label"], df_sample["predict"])
 7.
 8. plt.figure(figsize=(5, 5))
 9. sns.heatmap(cm, annot=True, fmt="d", cmap="Blues")
10. plt.title("Confusion Matrix")
11. plt.xticks([0.5, 1.5], ["Negative", "Positive"])
12. plt.yticks([0.5, 1.5], ["Negative", "Positive"])
13. plt.ylabel("True Label")
```

```
14. plt.xlabel("Predicted Label")
15. plt.show()
```

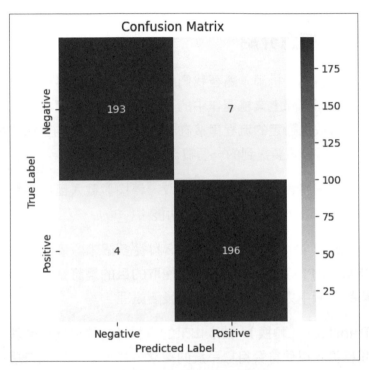

▲ 圖 6-52 模型混淆矩陣

　　看起來效果非常的好呢，幾乎沒有什麼被分類錯誤的，偉哉 Hugging Face ！因此以後在遇到新的專案的時候，強烈建議不妨都先到 Hugging Face 上看看有沒有已經可以用的模型，一方面避免重複造輪子，另一方面也可以更加瞭解大家目前都在用什麼樣子的模型與資料。

# ▶ 6.6 資料管線

## 6.6.1 ETL 概念介紹

作為一個資料分析師，隨著我們所需要面對的資料從單一份練習用的檔案變成公司實際上業務運作中的不同來源的多元資料，要如何將不同的資料以有效且穩定的流程串接在一起，這就是資料管線的用處。而談到資料管線所必須要提到的一個概念便是 ETL 了。

ETL 是一個將資料從來源系統抽取、轉換並載入目標系統的過程，過程中的每個步驟都有其特定目的和功能：

- Extract（**抽取**）：在此階段，資料從多個來源系統（如資料庫、檔案、API 等）中抽取出來。抽取的目的是將資料從不同來源收集到一個中央位置，以便進行後續處理。

- Transform（**轉換**）：抽取出來的資料通常需要進行清理、標準化和轉換，以便符合目標系統的需求。轉換過程可能包括過濾、排序、聚合、合併、拆分等操作。此階段的目的是將原始資料轉換為有價值的資訊，以便進行分析。

- Load（**載入**）：最後，經過轉換的資料將載入到目標系統（如資料倉儲、資料湖或資料庫等）。載入過程可能涉及將資料插入、更新或刪除目標系統中的記錄。載入的目的是將整理好的資料儲存起來，以便進行後續的資料分析和報告。

整個 ETL 過程可以手動執行，也可以使用自動化工具來完成，但自動化工具可以幫助提高效率、減少錯誤。常見的 ETL 工具有 Airflow、NiFi、Dagster、Snowflake 等。

## 6.6.2 Dagster 簡介

### 為何選擇 Dagster？

Dagster 其實是一個比較新的 ETL 工具,而目前市面上公司最主流採用的還是 Airflow 為主,那為何筆者會在這邊選擇以 Dagster 作為範例呢?主要是因為 Airflow 能做到的功能 Dagster 都能做到,同時也解決了一些 Airflow 的問題,例如:

1. **一次性、不定期任務**:Airflow 的排程機制對於一次性或不定期的任務可能不夠靈活,無法滿足某些特定需求。

2. **任務之間的數據移動**:在 Airflow 中,任務之間進行數據移動可能需要額外的配置和資源,以確保數據的完整性和一致性。

3. **動態、參數化的工作流程**:Airflow 在實現動態和參數化的工作流程方面的設計可能不夠直觀,使得開發者在實現這些功能時遇到困難。

4. **本地開發、測試**:Airflow 在本地開發和測試方面可能缺乏足夠的支持和工具,導致開發者在開發過程中遇到阻礙。

5. **抽象化儲存**:Airflow 在抽象化儲存方面的能力有限,可能無法充分利用不同資料儲存系統的特性,從而影響資料管線的性能和可擴展性。

### Dagster 的特色

作為一個非常新的 ETL 框架,Dagster 希望能解決資料工作者們在開發、測試和部署資料工作流程時面臨的挑戰。最被人津津樂道的是 Dagster 的靈活排程能力,不論是應對一次性、定期或不定期的任務,都能夠根據實際需求靈活地調整資料管線的執行策略。同時 Dagster 也支持動態和參數化的工作流程，讓開發者能夠根據運行時的條件或參數來調整資料管線的行為。

Dagster 的強大型別系統有助於提高資料管線的健壯性和可維護性，透過對資料的型別檢查，開發者可以確保資料管線中的各個步驟之間的數據交換是正確的，從而降低錯誤和故障的風險。

Dagster 對於本地開發和測試的支持也十分友善，讓開發者可以在本地環境中就可以輕鬆地開發和測試資料管線，無需部署到遠程環境，這大大提高了開發效率。

▲ 圖 6-53 Dagster 的 logo 及其口號

## Dagster 的核心概念

在 Dagster 中，我們的核心套件主要有兩個：

- Dagster：定義資產與管理數據流的核心。
- Dagit：用來管理、監視、執行的網頁介面。

而自動數據流的建立則主要由以下四種基本元件組成：

- asset：以程式定義的資產，可以設定資產的上下游依賴。
- op：核心的計算單元，定義單一的任務。
- graph：將多個 op 操作組合成一個複雜的任務。
- job：執行與監控的主要單元。

在 Dagster 中，我們可以 asset 為基礎進行管線的設計，每一個 asset 就是一個資料的關鍵節點，透過上下游的依賴關係和型別檢查我們就可以讓自動化進行的流程可以不用每次都從頭開始執行所有程式。

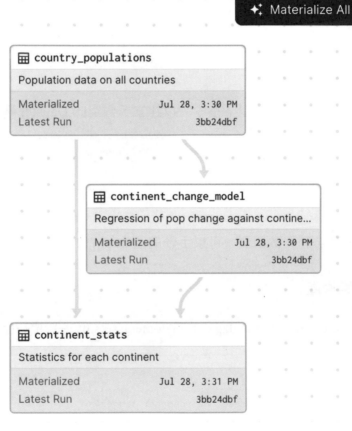

▲ 圖 6-54 Dagster 流程關係

## 6.6.3 實作：用 Dagster 管理 IThome 文章瀏覽數爬蟲結果

在本次的實作專題中，我將會以一個爬取 IThome 鐵人賽文章瀏覽數的流程作為範例，帶你熟悉要如何使用 Dagster 進行資料管線的串接以及排程：

### 建立 Dagster 專案

在命令行依序輸入以下指令，以建立一個空的 Dagster 專案的架構

```
1. dagster project scaffold --name dagster-IThome
2. cd dagster-IThome
3. pip install -e ".[dev]"
4. dagster dev # 開啟 Web 介面
```

若沒有自動開啟網頁，可以手動前往 http://127.0.0.1:3000/

### 建立對應資產

修改 dagster-IThome/dagster_IThome/assets.py，新增以下內容：

```
1. import requests
2. from bs4 import BeautifulSoup
3. from dagster import asset, get_dagster_logger
4. import pandas as pd
5. import datetime
6.
7. @asset
8. def url():
9.     """ 爬蟲目標網址 """
10.     return "https://ithelp.ithome.com.tw/users/20140721/ironman/4944"
11.
```

```
12. @asset
13. def views_lsit(url):
14.     """ 爬取 30 天瀏覽數 """
15.     logger = get_dagster_logger() # 這裡的 logger 是 Dagster 提供的物件，可
    以用來記錄資訊
16.     headers = {
17.         'content-type': 'text/html; charset=UTF-8',
18.         'user-agent': 'Mozilla/5.0 (Windows NT 10.0; Win64; x64)
    AppleWebKit/537.36(KHTML, like Gecko) Chrome/76.0.3809.132 Safari/537.36'
19.     }
20.     all_views = []
21.     for page_i in range(1, 4):
22.         res = requests.get(url, params={"page": page_i}, headers=headers)
23.         if res.status_code != 200:
24.             logger.error(f"Request fail, status code: {res.status_code}")
25.             raise Exception(f"Request fail, status code: {res.status_code}")
26.         soup = BeautifulSoup(res.text, 'lxml')
27.         qa_condition_count = soup.find_all("span", {"class": "qa-
    condition__count"})
28.         qa_condition_count = [int(i.text) for i in qa_condition_count]
29.         views = qa_condition_count[2::3]
30.         logger.info(f"Page {page_i} views: {views}")
31.         all_views.extend(views)
32.     return all_views
33.
34. @asset
35. def views_record():
36.     """ 讀取瀏覽數紀錄 """
37.     logger = get_dagster_logger()
38.     # 檢查檔案是否存在，若不存在則建立一個空的 DataFrame
39.     try:
40.         df_views = pd.read_csv("views_data.csv")
41.         logger.info(f"Read views record: {df_views}")
42.     except:
43.         logger.warning("No views record")
44.         df_views = pd.DataFrame(columns=[" 日期 "] + [f"{i}" for i in
    range(1, 31)])
```

```
45.     return df_views
46.
47. @asset
48. def today():
49.     """取得今天日期，格式為 yyyy/mm/dd"""
50.     logger = get_dagster_logger()
51.     today_str = datetime.date.today().strftime("%Y/%m/%d")
52.     logger.info(f"Today: {today_str}")
53.     return today_str
54.
55.
56. @asset
57. def add_views_record(views_record, views_lsit, today):
58.     """新增一筆今天的資料"""
59.     views_record.loc[len(views_record)] = [today] + views_lsit
60.     return views_record
61.
62. @asset
63. def save_views_record(add_views_record):
64.     """儲存瀏覽數紀錄"""
65.     logger = get_dagster_logger()
66.     logger.info(f"Save views record: {len(add_views_record)} rows")
67.     add_views_record.to_csv("views_data.csv", index=False)
68.     return None
```

## 將資產進行物化

　　這邊的物化（Materialize）是指根據我們寫好的定義，將這些資產（asset）們進行實體化的計算，我們可以手動一個一個進行或是點右上角的 Materialize all 一次重新計算所有的資產：

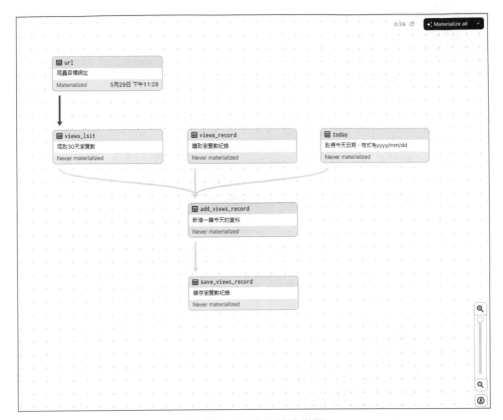

▲ 圖 6-55 資產管理介面

　　在開始計算之後，我們可以看到一個包含任務依賴關係、執行時間、步驟 log 記錄等的頁面：

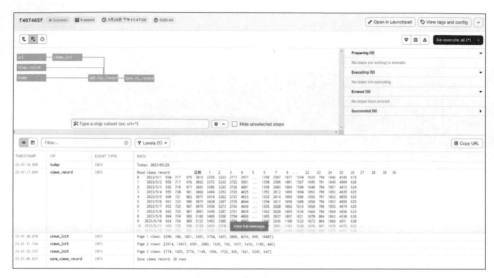

▲ 圖 6-56　任務執行介面

## 將操作設定排程

　　當我們跑完一次確認流程無誤之後，便可以開始著手調整讓它可以
排程以定時執行這整個管線。

　　修改 dagster-IThome\dagster_IThome\__init__.py 的內容為：

```
1. from dagster import (
2.     AssetSelection,
3.     Definitions,
4.     ScheduleDefinition,
5.     define_asset_job,
6.     load_assets_from_modules
7. )
8.
9.
10. from . import assets
11.
```

```
12. all_assets = load_assets_from_modules([assets])
13.
14. # 定義一個用來執行所有資產的工作
15. views_job = define_asset_job("IThome_views_job", selection=
    AssetSelection.all())
16.
17. # 定義一個排程，每天晚上 9 點執行一次
18. views_schedule = ScheduleDefinition(
19.     name="IThome_views_schedule",
20.     cron_schedule="0 21 * * *",
21.     job=views_job,
22. )
23.
24.
25. defs = Definitions(
26.     assets=all_assets,
27.     schedules=[views_schedule],
28. )
```

儲存並重新整理後，我們可以在 Schedules 頁面看到這個排程，預設是關閉的我們要手動將它開啟：

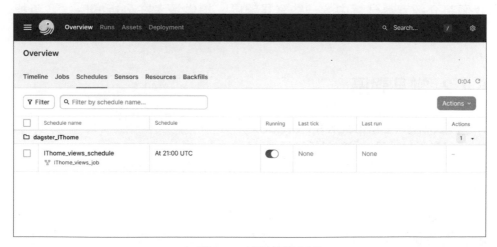

▲ 圖 6-57 排程管理介面

如此一來，我們便完成了一個會定時依照我們給定的資料管線流進行運算的程式，同時也會有一個後臺記錄它的執行狀況以便遇到問題時候進行排除，Dagster 讚讚！不過這邊示範的內容其實只是 Dagster 功能的冰山一角，其中它還有很多可以和其他雲服務進行串接的部分也很不錯，推薦有興趣的讀者前往官方文件閱讀學習！

# 6.7 常見誤區

## 6.7.1 前言

資料分析是一個不斷迭代的過程，從提出問題、收集資料、清理資料、探索性資料分析、建立模型、評估模型到最後的結果呈現，每一個步驟都可能影響到分析的結果。在這個過程中，資料分析師需要不斷地檢視、修正並優化自己的分析方法。然而在這個過程中，我們很容易犯一些常見的錯誤，可能導致分析結果的偏差或不準確。因此在本章節中我們將介紹資料分析中的一些常見誤區，提供讀者在分析的時候避免掉入陷阱。

## 6.7.2 常見誤區

### 辛普森悖論（Simpson's Paradox）

辛普森悖論是一種統計學上的現象，當我們在分析資料時，可能會遇到一個看似矛盾的結果。這種現象發生在當我們將資料分成不同的子集時，每個子集內的趨勢與整體資料的趨勢相反。這可能導致錯誤的結論，因為我們可能會誤以為某個變數對另一個變數有正面影響，但實際上是負面影響，反之亦然。

　　例如在下面這張圖，對於三組不同的類別，各自的 x 與 y 之間都是呈現正相關的趨勢 ( 左下往右上 )，然而合併計算所有資料的相關性，卻會得到呈現負相關 ( 圖中左上到右下的黑線 ) 的現象。因此在計算資料相關性的同時，也要記得檢查是這個是否是全局的趨勢。

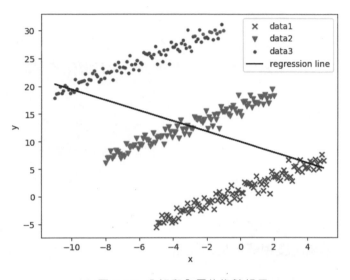

▲ 圖 6-58 分組和全局的趨勢相反

## 過擬合（Overfitting）

　　過擬合是指在建立機器學習或統計模型時，模型過於複雜，以至於它不僅捕捉到資料中的基本規律，還捕捉到了資料中的噪聲。這導致模型在訓練資料上的表現非常好，但在新的、未見過的資料上表現很差。

　　常見的過擬合成因可能是模型過於複雜，或者訓練資料過少。當模型過於複雜時，它可能會將資料中的噪聲視為規律，從而對訓練資料過度擬合。而當訓練資料過少時，模型可能無法學到足夠的規律，導致在新資料上的表現不佳，導致泛化能力下降。

## 準確度陷阱（Accuracy Paradox）

　　準確度陷阱是指在評估機器學習模型時，僅僅依賴準確度（Accuracy）這個指標可能會產生誤導。這是因為在某些情況下，特別是當資料集中的類別分布不平衡時，很高的準確度可能並不表示模型的預測效果好。例如在一個癌症預測的案例中，若只有 1% 的人患有癌症，而模型完全不需要學習的直接預測所有人都沒有癌症，那麼準確度仍然高達 99%，但實際上這個模型並沒有提供任何有價值的幫助。

## 因果悖論（Causality Paradox）

　　因果悖論是指在資料分析中，我們可能會誤將相關性（Correlation）與因果關係（Causation）混淆。換句話說，當我們觀察到兩個變數之間存在某種關聯時，我們可能會誤以為其中一個變數是導致另一個變數的原因。一個最常被提到的例子是掉進游泳池的人數和尼可拉斯凱吉參與的電影數量呈現高度相關，但這兩者並不存在因果關係。

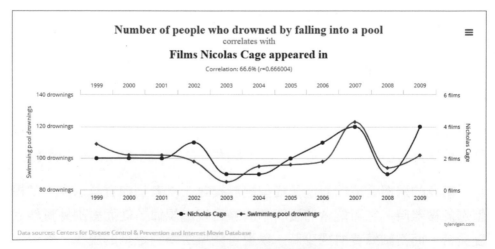

▲ 圖 6-59　因果悖論案例
（本書為黑白印刷，圖片無法呈現色彩效果，建議至 Github 上參考效果）

還有一些其他的案例讀者可以到 Spurious Correlations[4] 進行查看。

### 檢查悖論（Inspection Paradox）

檢查悖論是指在觀察或分析資料時，由於抽樣方法或觀察過程的特點，可能會導致我們對某些現象的認知產生偏差。這種現象通常出現在時間序列資料、事件持續時間或其他與時間有關的變數中。例如採用的資料是需要在網路上請人填寫的，那在我們取得這些資料的時候其實就已經先局限在「願意填寫網路上問卷」的人了。

## 6.7.3 結語 - 成為更優秀的資料分析師

恭喜你看到了最後，不知道這本書是否在某些地方為你提供了一些幫助呢？如果有哪裡是寫的不夠周詳的地方，還請多多擔待。

資料分析是個非常廣的領域，廣到幾乎什麼事情都可以說和資料分析有關，以至於常有人會問「資料分析這件事情不是幾十年前就有了嗎，現在又有什麼特別的呢？」

但也正是因為資料的多變和泛用性，使得它在幾乎每一個地方都有機會產生價值。如同我們前面所提到的，資料分析的本質是讓我們學會透過現象認識這個世界的本質。因此在資料分析領域中，會有許多那種在不經意間累積的經驗和技巧，在某個你需要的時候發揮出作用。

---

4　Spurious Correlations( 虛假的相關性 )：整理了各種統計上高度相關當實際關係看起來根本不相關的資料 https://tylervigen.com/spurious-correlations。

　　要成為一個更優秀的資料分析師，你需要不斷不斷的學習，以及大量面對不同專案和模型的練習，並在實際案例中應用這些觀念。這個過程中或許會迷惘、或許會挫折，但最終能將結果呈現出來的那個滿足感和成就感還是難以被其他事情取代的。

　　最後的最後，和當初寫這系列鐵人賽文章引用同樣的一句臺詞作為結尾，願你在資料分析的領域能持續成長、持續找到樂趣：

> **Tips**
>
> 努力不是必然
> 卻是一切的開始
> 　　　　　　——《Mr.Bartender》S3-EP2：夢想並不是努力就可以的